红花玉兰研究

——嫁接　扦插　组培

第二卷

马履一 等 ◎ 著

中国林业出版社
China Forestry Publishing House

图书在版编目(CIP)数据

红花玉兰研究. 第二卷, 嫁接 扦插 组培 / 马履一等著. —北京：中国林业出版社，2022.5

ISBN 978-7-5219-1575-4

Ⅰ. ①红… Ⅱ. ①马… Ⅲ. ①玉兰–栽培技术–研究–中国 Ⅳ. ①S685.15

中国版本图书馆 CIP 数据核字(2022)第 022448 号

出版	中国林业出版社(100009 北京西城区刘海胡同 7 号)
电话	010 – 83143564
发行	中国林业出版社
印刷	北京中科印刷有限公司
版次	2022 年 5 月第 1 版
印次	2022 年 5 月第 1 次
开本	787mm×1092mm，1/16
印张	9.25
字数	230 千字
定价	65.00 元

本书著者

主要著者

马履一	教 授	北京林业大学 红花玉兰研究中心
陈发菊	教 授	三峡大学
桑子阳	正高级工程师	五峰土家族自治县林业科学研究所
贾忠奎	教 授	北京林业大学
朱仲龙	副高级工程师	五峰博翎红花玉兰科技发展有限公司
段 劼	副教授	北京林业大学
王 艺		北京林业大学

其他参与人员

怀慧明	宁娜娜	赵 潇	李海英	尹 群
施晓灯	邓世鑫	赵秀婷	吴坤璟	张雨童

　　本专著是多个项目和课题的研究成果总结，其出版得到了以下课题和项目的共同资助，在此一并表示感谢！

北京林业大学林学院林学一级学科双一流建设项目

林业公益性行业科研专项项目"红花玉兰新品种选育与规模化繁殖技术研究"（201504704）

林业知识产权转化运用项目"红花玉兰新品种'娇红1号'、'娇红2号'产业化示范与推广"（2017-11）

林业科学技术推广项目"红花玉兰苗木繁育技术示范推广与产业化"（〔2014〕27号）

林业科学技术研究项目"红花玉兰种质资源收集保护、遗传测定与开发"（2006-39）

前 言

红花玉兰(*Magnolia wufengensis* L. Y. Ma et L. R. Wang)及其变种多瓣红花玉兰(*Magnolia wufengensis* var. *multitepala* L. Y. Ma et L. R. Wang)是由北京林业大学教授马履一、湖北省林业局林木种苗总站高级工程师王罗荣等人于湖北五峰发现，并经我国著名树木分类学家洪涛先生等人协助鉴定正式发表的玉兰科新种。红花玉兰又名五峰玉兰，属于高大落叶乔木，树干通直，枝繁叶茂，花部性状变异丰富，花色由纯红至粉红，花被片9~46瓣，花型有菊花型、荷花型、月季型、牡丹型等，具有极高的观赏性，可作为优良的绿化与景观树种。其花蕾可入药，为重要的药用经济林树种。

木兰科植物是双子叶植物木兰亚纲中最原始的类群之一，在整个植物的进化系统中具有非常重大的意义。红花玉兰的发现为木兰科增添了一个代表性成员，对木兰科类群的研究具有重要意义。种质资源调查结果表明，红花玉兰野生资源仅分布于湖北五峰县海拔2000m左右的高山地带，为三峡地区特有种。雌雄花期不同导致红花玉兰种子结实率低，坚硬的种子外壳、种子休眠、种子易发霉等诸多特性导致红花玉兰发芽率较低，萌发周期长，苗木繁育速度慢，效率低。

针对红花玉兰种子繁殖育苗周期长、成苗率低等缺陷，北京林业大学红花玉兰科研团队，对红花玉兰苗木繁育的多种方式及相关机理开展了研究，并取得一定成果。由于研究内容较多，我们将研究成果进行整理，形成该书。本书分红花玉兰嫁接繁殖、扦插繁殖、组织培养3编，主要内容如下：

第1章：系统介绍了砧木种类、砧木苗龄、嫁接时间、嫁接方法对红花玉兰'娇红1号'嫁接成活率的影响，为红花玉兰嫁接管理提供了技术支撑。

第2章：系统探究了望春玉兰作为砧木嫁接'娇红1号'愈合过程中的生理指标变化规律及其相互关系，并推断出愈合过程，为红花玉兰嫁接繁殖奠定了理论依据。

第3章：系统介绍了激素种类、激素浓度、混合激素、处理时间、采样时期、采穗部位等对红花玉兰嫩枝扦插生根的影响，全面探索了扦插繁殖关键技术，形成了完整的红花玉兰扦插繁殖技术体系。

第4章：对红花玉兰嫩枝扦插生根过程中外部形态变化、细胞组织结构及生理生化等方面进行了分析，以探究红花玉兰嫩枝扦插不定根发育机理，划分不定根发育各阶段，为红花玉兰扦插生根提供科学依据。

　　第5章：介绍了红花玉兰组织培养技术的研究现状，并对红花玉兰组织培养最佳外植体、最佳灭菌体系的建立、基本培养基的选择、抑制褐化体系的建立等方面进行了探索。

　　第6章：对红花玉兰未成熟种子进行了体细胞胚胎发生的研究，并对诱导产生的胚性与非胚性愈伤组织进行细胞组织结构、生理生化等方面的差异分析，探究了体胚发生的机理。

　　红花玉兰研究是一项长期的工作，在第一卷中我们探讨了红花玉兰的发现、特性和保护。本卷总结了近几年来红花玉兰嫁接、扦插和组织培养技术方面的研究成果及进展，但因涉足范围较广，尚有很多内容需要深入研发。书中疏漏之处在所难免，恳请各位专家、读者和同行批评指正，并借此机会向支持和关心红花玉兰研究工作的所有单位和个人表示衷心的感谢！

著　者
2021 年 12 月

目　录

第三编 组织培养

第一编　嫁接繁殖

无性繁殖具有保持母本优良特性和繁殖速度快、开花结实早等特点，苗木的大量推广多采用无性繁殖的方法(梁珍琦，2010)。在红花玉兰新品种的繁育过程中，可通过嫁接繁殖快速获得大量的优良无性系单株(王希群，王安琪，2013；王晓玲等，2011)。

　　红花玉兰新品种发布以后，在生产中已经开始了嫁接技术的摸索，也取得了一定的成功，但没有对嫁接技术进行系统试验设计及相关机理的研究。生产实践中以乡土树种望春玉兰为砧木，秋季进行嫁接。本编以大田嫁接试验为基础，系统地介绍了‘娇红1号’砧木种类、砧木苗龄、嫁接方法、嫁接时间等各个环节，在湖北建立一套基于适宜的砧木种类、最佳苗龄、最佳嫁接方式及合理嫁接时间等技术要素，形成‘娇红1号’新品种嫁接繁育技术体系，为大规模苗木生产提供指导。同时，还对红花玉兰嫁接愈合过程进行了研究，探讨了愈合过程中嫁接口与实生苗创伤口相关酶类活性、可溶性糖含量、相对电导率的变化，有助于了解红花玉兰嫁接愈合过程中五大酶活性变化的相关机理，并判断嫁接愈合的关键时期，初步阐述了红花玉兰嫁接成活的原理，为提高嫁接苗成活率提供理论依据。

第 **1** 章
红花玉兰嫁接技术

1.1 嫁接繁殖技术概述

1.1.1 砧木种类对木兰科植物嫁接的影响

嫁接亲和力是植物嫁接繁殖能否成功的最基本条件。砧穗是否具有亲和力，可以在其嫁接之后观察是否可以完全愈合为共生体，并且能否长期正常生长和结实得出（李锋，1997；刘雪松，2008；武季玲，2001）。嫁接亲和力与植物亲缘关系相关，种间及品种间互相嫁接时，亲和性很高；属间嫁接有时也可能成功，但是成活的概率比种间低；而科间嫁接绝大多数会失败，亲和性很差。从植物细胞学可以解释嫁接亲和性，砧穗双方之间的输导组织、形成层，以及薄壁细胞大小等组织结构相似程度的多少对亲和性影响很大，两者相似越多，砧穗越容易相互适应，组织间越容易紧密连接，亲和性越高（李文彬，2005；陶金刚，2004）。砧穗嫁接口愈合不好，会出现明显的瘤；如果砧穗的生长势和生长速度显著不同，就会造成接合部上下粗细不一致，进而形成砧木细或砧木粗现象（武季玲，2001）。这是果树嫁接中普遍存在的一种不亲和表现。不亲和组合营养供求差异大，生理不协调（Breen and Muraoka，1975；Moreno et al.，1994）。

影响嫁接成活的因素很多，而砧木质量的好坏对嫁接成活发挥着至关重要的作用（罗红伟，2009）。黄运平、李毅对巴东木莲（*Manglietia patungensis*）的嫁接繁殖进行了探究，分别选取 1 ~ 5 年生的玉兰（*Magnolia denudata*）、厚朴（*Magnolia officinalis*）和武当玉兰（*Magnolia grandiflora*）3 种实生苗作为砧木，以 20 年生的巴东木莲为接穗，进行嫁接试验。厚朴的成活率最低，可以得出选用属间砧木作嫁接的砧木是可以成活的，只不过种间的砧木成活率更高（黄运平，李毅，2002）。刘德良、张琴也得出相同的结论。他们选择的砧木为含笑属和木兰属，其中含笑属为含笑；木兰属为紫玉兰（*Magnolia liliiflora*）、白玉兰（*Michelia alba*）、光叶玉兰（*Magnolia dawsoniana*）和天目玉兰（*Magnolia amoena*）。从嫁接成活率可以看出：含笑属的嫁接苗成活率很低，高生长和粗生长很小；木兰属的嫁接效果都较好，尤其是白玉兰作为砧木时，成活率高且植株长势好（刘德良，张琴，2001）。何彦峰在武当玉兰嫁接试验中，用凹叶厚朴（*Magnolia officinalis* subsp. *biloba*）、白玉兰与紫玉兰作为砧木，通过各个砧木的嫁接成活率高低的比较，发现凹叶厚朴作为砧木时嫁接成活率低于为白玉兰和紫玉兰，所以武当玉兰选用的砧木为白玉兰和紫玉兰。但是白玉兰比紫玉兰贵，所以生产上选择紫玉兰(何彦峰，2008；刘乃君，何彦峰，2007)。宋晓琛对紫花含笑(*Michelia crassipes*)进行砧木种类的嫁接试验，以1、2、5年生含笑(*M. figo*)、深山含笑(*M. maudiae*)、乐昌含笑(*M. chapensis*) 3个树种为砧木，以"荷瓣墨紫"含笑(*Michelia crassipes* 'Hebanmozi')为接穗，进行嫁接。结果表明：以1年生含笑、乐昌含笑、深山含笑为砧木种类进行嫁接，含笑最高、深山含笑次之、乐昌含笑最差。以2年生含笑、乐昌含笑、深山含笑砧木种类进行嫁接，乐昌含笑最高、深山含笑次之、含笑最差。以5年生含笑、乐昌含笑、深山含笑为砧木种类进行嫁接，乐昌含笑最高、含笑次之、深山含笑最差(宋晓琛，2015)。由此可见，砧木的选择存在多选择性，但以属内树种为佳，不同的接穗要求不同，有的可以适应几种砧木，有的可能存在特异性(单树单种)，要尽量做到适树适种。

1.1.2 砧木苗龄对木兰科植物嫁接的影响

毛达民对"飞黄"玉兰(*Magnolia denudata* 'Feihuang')进行嫁接繁殖试验研究，以1年生、2年生的乐昌含笑为砧木，以"飞黄"玉兰为接穗，用带木质部的嵌芽接进行嫁接。结果表明：2年生乐昌含笑的嫁接成活率高(吕昕，2015；毛达民等，2011)。宋晓琛对紫花含笑进行砧木苗龄的嫁接试验，以1、2、5年生含笑、深山含笑、乐昌含笑3个树种为砧木，以"荷瓣墨紫"为接穗，进行嫁接。结果均表明：1年生砧木成活率最高；5年生的嫁接成活率次之；2年生砧木嫁接成活率最差(宋晓琛，2015)。

1.1.3 接穗质量对木兰科植物嫁接的影响

接穗的质量对嫁接影响很大。张敏把接穗质量指标分为3类：①穗条叶片保留数量，②穗条采摘部位，③穗条新鲜程度。进行单因素试验设计比较嫁接成活率，结果表明：当天采摘的母树的上部穗条，嫁接成活率、抽梢长度、抽梢粗度达到最佳(张敏等，2014)。张文健、郑红建对红润玉兰(*Magnolia liliflora*)进行嫁接试验，以1年生(地径0.8cm)辛夷(*Magnolia denudata*)实生苗为砧木，以红润玉兰的1年生、2年生枝条为接穗，设置采集后沙藏、随采随接两个处理，采用枝接方法进行嫁接。试验结果显示：2年生、随采随接的枝条嫁接成活率高(张文健等，2004；张文健等，2005)。徐桂玲对荷花玉兰(*Magnolia grandiflora*)的嫁接技术进行改良，接穗由过去的5～7cm长带顶芽、带1～2个腋芽，改为采用单芽、顶芽、侧芽接，且接穗越粗，生长势越好，形成的树冠就越理想(徐桂玲，1997)。周建、杨立峰用二乔玉兰、白玉兰、广玉兰、黄山玉兰和含笑的不同的部位芽进行高头嵌芽接试验，结果显示：成活率随着接穗取芽位置降低，上部芽的嫁接成活率最大，中部芽次之、下部芽最小(周建，杨立峰，2011)。焦江洪对杂交鹅掌楸的接穗来源部位进行嫁接试验。以中国鹅掌楸(*Liriodendron chinense*)为砧木，接穗分为外围枝条、内膛枝条、向阳枝条和背阴枝条，进行嫁接试验。结果表明：外围枝条的嫁接成活率最高，向阳枝条的嫁接成活率次之，第三是背阴枝条的嫁接成活率，内膛枝条的成活率最低。这是由于外围枝和向阳枝的芽发育饱满、营养充足，而内膛枝和背阴枝上的芽发育不良，形成层活力不高，营养也不足。因此嫁接所用的接穗应取自外围、向阳生长健壮、腋芽饱满的部位(焦江洪等，2005)。

1.1.4 嫁接时间对木兰科植物嫁接的影响

由于树木年生长周期中有萌动期、生长旺盛期和休眠期，确定时间进行嫁接也是嫁接繁殖的关键步骤。何彦峰进行武当玉兰嫁接试验研究，选用的嫁接时间分别为3月1日、3月15日、4月1日，在嫁接后的2个月后调查嫁接成活率。试验显示：3月中旬效果最好，4月初次之，而3月1日的最差(何彦峰，2008；刘乃君，何彦峰，2007)。不同嫁接成活率出现的原因可能是枝条萌动一般是3月中下旬，所以3月下旬成活率最高，是嫁接的最适时期，这是同属于春季里的嫁接时间对比。张义、夏冰于2000—2001年到荆州市八岭山林场也进行不同嫁接时间的研究，时间选择春秋两季，以白玉兰为砧木、深山含笑(*Michelia maudiae*)为接穗进行嫁接。嫁接时间分别在2000年9月、2001年2月18日、2001年3月20日，结果显示3月20日的嫁接成活率最高(张义，夏冰，2002)。李修鹏、俞慈英、董韩忠等对木兰科的多种树种进行嫁接试验，以2年生(地径为1cm左右)的紫玉兰为砧木，红运玉兰(*Magnolia xsoulangiana* 'Hongyun')、景宁木兰(*M. sinostellata*)、丹馨玉兰(*M. sp.*)、展毛含笑(*M. macclurei var. sublanea*)、铜色含笑(*M. aenea*)、灰毛含笑(*M. foveolata*)、阔瓣含笑(*M. platypetala*)、乐昌含笑、香型玉兰(*M. sp.*)、巴东木莲(*M. patungensis*)、常春二乔玉兰(*M. soulangeana* 'Semperflorens')接近20种为接穗。试验结果显示，春季嫁接只有景宁木兰、铜色含笑和灰毛含笑嫁接成活率高，红运玉兰、丹馨玉兰、香型玉兰、常春二乔玉兰等落叶种类都偏低，为30%左右；秋季嫁接乐昌含笑成活率最高，其他的切腹接也大多比较高，达90%以上，但是铜色含笑、灰毛含笑等常绿种类情况则相反，嫁接失败。以上表明：铜色含笑和灰毛含笑最适宜的时间是春季嫁接，其余的都可秋季嫁接(李修鹏等，2002)。宋晓琛对紫花含笑进行嫁接时间试验，以1年生深山含笑为砧木，以"荷瓣墨紫"为接穗进行嫁接。嫁接时间分别为11月上旬、11月下旬、12月上旬、12月下旬、3月上旬、3月下旬、4月上旬和4月下旬。试验结果为11、12月嫁接成活率很低；3、4月嫁接成活率则较高(宋晓琛，2015)。

1.1.5 嫁接方法对木兰科植物嫁接的影响

不同的嫁接方法，可能会带来不同的嫁接效果。按照所采用的接穗差异，嫁接方法可以分为枝接和芽接两类(王芳，2014)。可以说，研究嫁接方法对植物嫁接的影响，是绝大多数嫁接研究者的必选研究问题。木兰科植物的嫁接也不例外，嫁接方法的选择也是研究者的热点关注问题。

陈本文、覃艮昌采用了不带顶芽切接、带顶芽切接和芽接3种嫁接方法，然后从成活率和生长量两方面评价3种嫁接方法，发现带顶芽切接成活率最高(陈本文，1998)。杨明在广玉兰嫁接繁殖技术中以紫玉兰为砧木，采用芽接、带顶芽切接和不带顶芽切接的嫁接方法，从调查苗木的成活率和生长势发现，带顶芽切接效果最好，其次是不带顶芽切接，芽接效果最差(杨明，2013)。张文健、张胜敏对红润玉兰春季嫁接技术进行研究，以1年生的辛夷为砧木，以红润玉兰为接穗，嫁接方法分别为单芽枝接、多芽枝接和带木质部芽接，进行红润玉兰的嫁接试验，试验结果显示：嫁接的成活率为多芽枝接最高，单芽枝接次之，带木质部芽接最低（张文健等，2004；张文健等，2005）。韦然超以黄玉兰为砧木，白玉兰为接穗进行嫁接试验，靠接的成活率最高（韦然超，1986）。宋晓琛对紫花含笑进行嫁接方法的试验，以 1 年生含笑的深山含笑为砧木，以"荷瓣墨紫"为接穗，用切接、腹接、劈接 3 种方法进行嫁接试验，结果表明切接嫁接成活率最大、腹接次之、劈接最小（宋晓琛，2015）。张义、夏冰对深山含笑的嫁接方法进行试验，以白玉兰为砧木，以深山含笑为接穗，分别用带顶芽切接、不带顶芽包头切接和不带顶芽不包头切接嫁接方法进行嫁接，结果表明：带顶芽切接成活率最高，其次是不带顶芽包头切接，不带顶芽不包头切接最低（张义，夏冰，2002）。何彦峰以紫玉兰为砧木，以武当玉兰为接穗，用切接、劈接、嵌芽接进行嫁接，结果表明：成活率的大小为切接法>劈接法>嵌芽接（何彦峰，2008）。李运兴采用枝型皮下腹接、穗型皮下腹接和芽接 3 种嫁接方法对香梓楠（*Micelia hedyosperma*）进行嫁接试验，结果表明：芽接>穗型皮下腹接>枝型皮下腹接（李运兴，2001）。焦江洪对杂交鹅掌楸进行研究，以中国鹅掌楸为砧木，以杂交鹅掌楸为接穗，采用带木质部芽接、单芽切接、劈接和舌接等方法进行嫁接试验发现，成活率为带木质部芽接>舌接>单芽切接>劈接（焦江洪等，2005）。

1.2 研究方法

1.2.1 试验地概况

试验地位于湖北省五峰土家族自治县渔洋关镇，地理坐标为东经 110°15′~111°25′、北纬 29°56′~30°25′，是湖南和湖北的交界处（桑子阳，2011）。气候属亚热带温湿季风气候，年平均日照时数为 1154.4h，年平均气温为 13.1℃，夏季逐月均温 20~24℃，冬季逐月均温 2~4℃，年平均无霜期 247 天。县内绝大部分区域降雨量 1~7 月逐月增多，7 月至次年 1 月下降，降雨峰点在 7 月。年均降雨量 1416mm，最大年降雨量 1999mm（1983 年），最小年降雨量为 1027.2mm（1966 年），年均降雨日数 166 天（朱仲龙，2012）。

1.2.2 '娇红 1 号'嫁接技术研究试验设计

1.2.2.1 砧木树种对嫁接成活率的影响试验设计

2015 年 8 月初在湖北五峰分别以 2 年生规格相同的望春玉兰、红花玉兰实生苗为砧木，以生长健壮、芽体饱满的'娇红 1 号'为接穗，用单芽腹接的嫁接方法进行嫁接。采用随机区组设计，设 2 个处理，每个处理嫁接 30 株，重复 3 次，共计 180 株。嫁接后各处理管理技术措施相同。嫁接后第二年从芽开始萌动，每 15d 统计成活率并记录苗木生长情况。

1.2.2.2 砧木苗龄对嫁接成活率的影响试验设计

2015 年 8 月初在湖北五峰以 2 年生、4 年生的望春玉兰为砧木，以生长健壮、芽体饱满的'娇红 1 号'为接穗，用单芽腹接的方法进行嫁接。采用随机区组设计，设 2 个处理，每个处理嫁接 30 株，重复 3 次，共计 180 株。嫁接后各处理管理技术措施相同。嫁接后第二年从芽开始萌动，每 15d 统计嫁接成活率并记录苗木生长情况。

1.2.2.3　嫁接时间对嫁接成活率的影响试验设计

在 2015 年 8 月 1 日、8 月 15 日、9 月 1 日以 2 年生规格相同的望春玉兰为砧木，以生长健壮、芽体饱满的'娇红 1 号'为接穗，用单芽腹接的方法进行嫁接。设 3 个处理，每个处理嫁接 30 株，重复 3 次，共 270 株。嫁接后各处理管理技术措施相同。嫁接后第二年从芽开始萌动，每 15d 统计嫁接成活率并记录苗木生长情况。

1.2.2.4　嫁接方法对嫁接成活率的影响试验设计

在 2015 年 8 月初以 2 年生规格相同的望春玉兰为砧木，以生长健壮、芽体饱满的'娇红 1 号'为接穗，分别以单芽腹接、嵌芽接的方法进行嫁接。设 2 个处理，每个处理嫁接 30 株，重复 3 次，共 180 株。嫁接后各处理管理技术措施相同。嫁接后第二年从芽开始萌动，每 15d 统计嫁接成活率并记录苗木生长情况。

基于 2015 年单芽腹接是最适宜的嫁接方法的结论，在 2016 年 8 月中旬以 2 年生规格相同的望春玉兰为砧木，以生长健壮、芽体饱满的'娇红 1 号'为接穗，分别以单芽腹接、T 字形芽接、工字形芽接的方法进行嫁接。设 3 个处理，每个处理嫁接 30 株，重复 3 次，共 270 株。嫁接后 50 天统计成活率。嫁接后各处理管理技术措施相同。

1.2.2.5　指标的测定

(1) 嫁接苗高生长量

测定接穗与砧木愈合处到接穗顶芽位置的距离。

测量工具：皮尺。

(2) 嫁接苗粗生长量

测定接穗与砧木愈合处的直径大小。

测量工具：游标卡尺。

(3) 成活率

1.3　砧木种类对嫁接成活率及生长量的影响

8 月初以 2 年生的望春玉兰和红花玉兰实生苗为砧木，以'娇红 1 号'为接穗，用单芽腹接的嫁接方法进行嫁接。表 1-1 为不同砧木种类对嫁接成活率及生长量的影响，结果表明：以红花玉兰和望春玉兰为砧木的成活率分别为 86.67%、83.33%，前者成活率比后者高 3.34 个百分点；以红花玉兰和望春玉兰为砧木的高生长分别为 106.71cm、81.44cm，前者高生长比后者高 25.27cm，前者超出后者 31%。以红花玉兰和望春玉兰为砧木的粗生长分别为 16.65mm、11.12mm，前者高生长比后者高 5.53mm，前者超出后者 49%。对其嫁接成活率用 R 语言进行方差分析，结果表明，不同的砧木种类没有显著差异。从经济角度出发，红花玉兰作为新物种，价格高，而望春玉兰相对便宜，作为砧木树种更适宜。

表 1-1   不同砧木种类对嫁接成活率及生长量的影响

砧木种类	平均嫁接成活率(%)	平均高生长(cm)	平均粗生长(mm)
望春玉兰	83.33	81.44	11.12
红花玉兰	86.67	106.71	16.65

1.4   砧木苗龄对嫁接成活率及生长量的影响

8 月初以 2 年生、4 年生的望春玉兰为砧木,以'娇红 1 号'为接穗,用单芽腹接的嫁接方法进行嫁接。表 1-2 为不同砧木苗龄对嫁接成活率及生长量的影响,结果表明以 4 年生、2 年生望春玉兰为砧木的嫁接成活率分别为 86.67%、73.33%,前者嫁接成活率比后者高 13.34 个百分点,前者超出后者 18%。以 4 年生、2 年生望春玉兰为砧木的高生长分别为 59.74cm、75.63cm,前者高生长比后者低 15.89cm,前者小于后者 26%。以 4 年生、2 年生望春玉兰为砧木的粗生长分别为 11.85mm、10.51mm,前者粗生长比后者多 1.34mm,前者超出后者 12%。对其成活率用 R 语言进行方差分析,结果表明,2 年生、4 年生的望春玉兰作砧木存在显著差异,4 年生望春玉兰作为砧木最适宜。虽然 2 年生砧木高生长比 4 年生高生长高 26 个百分点,但是砧木的粗生长是第一指标,高生长为第二指标,第一指标差异明显,第二指标的作用也相应减小。总之,4 年生望春玉兰作为砧木最适宜。

表 1-2   不同砧木苗龄对嫁接成活率及生长量的影响

砧木种类	平均嫁接成活率(%)	平均高生长(cm)	平均粗生长(mm)
2 年生	73.33	75.63	10.51
4 年生	86.67	59.74	11.85

1.5   嫁接时间对嫁接成活率及生长量的影响

8 月 1 日、8 月 15 日和 9 月 1 日以 2 年生望春玉兰为砧木,以'娇红 1 号'为接穗,用单芽腹接的嫁接方法进行嫁接。8 月 1 日的温度范围为 21~34℃;8 月 15 日的温度范围为 21~28℃;9 月 1 日的温度范围为 19~34℃。表 1-3 为不同嫁接时间对嫁接成活率及生长量的影响,结果表明:8 月 1 日、8 月 15 日、9 月 1 日的嫁接成活率分别为 73.33%、83.33%、76.77%,8 月 15 日的嫁接成活率分别高于 8 月 1 日和 9 月 1 日 10 个百分点及 6.56 个百分点,8 月 15 日的嫁接成活率分别超出 8 月 1 日和 9 月 1 日 13% 及 9%。8 月 1 日、8 月 15 日、9 月 1 日的平均高生长分别为 75.63cm、81.44cm、59.09cm,8 月 15 日的平均高生长分别超过 8 月 1 日和 9 月 1 日 7%、37%。8 月 1 日、8 月 15 日、9 月 1 日的平均粗生长分别为 10.51mm、11.12mm、10.50mm,8 月 15 日的平均粗生长超过 8 月 1 日和 9 月 1 日,均为 5%。对其成活率用 R 语言进行方差分析,结果表明 8 月 1 日、8 月 15 日、9 月 1 日存在显著差异。用 LSD 进行多重比较的结果显示,8 月 15 日的嫁接时间最适宜,气温为 21~28℃(表 1-4)。

表 1-3　不同嫁接时间对嫁接成活率及生长量的影响

嫁接时间	平均嫁接成活率(%)	平均地径(mm)	平均高生长(cm)	平均粗生长(mm)
08.01(21~34℃)	73.33	12.76	75.63	10.51
08.15(21~28℃)	83.33	11.05	81.44	11.12
09.01(19~34℃)	76.77	11.47	59.09	10.50

表 1-4　不同嫁接时间的多重比较

嫁接时间	5%显著水平	1%显著水平
08.01(21~34℃)	c	A
08.15(21~28℃)	a	A
09.01(19~34℃)	b	A

1.6　嫁接方法对嫁接成活率及生长量的影响

2015 年 8 月初以 2 年生望春玉兰为砧木，以'娇红 1 号'为接穗，用单芽腹接和嵌芽接进行嫁接。表 1-5 为单芽腹接、嵌芽接 2 种嫁接方法对嫁接成活率及生长量的影响，结果表明：单芽腹接、嵌芽接的嫁接成活率分别为 73.33%、56.67%。前者比后者的嫁接成活率高 16.66 个百分点，前者超出后者 29%。单芽腹接、嵌芽接的平均高生长分别为 75.63cm、70.59cm，前者比后者的平均高生长高 5.04cm，前者超出后者 7%；单芽腹接、嵌芽接的平均粗生长分别为 10.51mm、8.35mm，前者比后者的平均粗生长高 2.16mm，前者超出后者 25%。对其成活率用 R 语言进行方差分析，结果表明：单芽腹接与嵌芽接存在极显著差异，证明单芽腹接是最适宜的嫁接方法。

表 1-5　不同嫁接方法对嫁接成活率及生长量的影响

嫁接方式	平均嫁接成活率(%)	平均地径(cm)	平均高生长(cm)	平均粗生长(mm)
单芽腹接	73.33	12.76	75.63	10.51
嵌芽接	56.67	12.56	70.59	8.35

基于 2015 年单芽腹接是最适宜的嫁接方法的结论，2016 年 8 月初以 2 年生规格相同的望春玉兰为砧木，以'娇红 1 号'为接穗，对单芽腹接、T 字形芽接、工字形芽接 3 种嫁接方法进行了比较研究。表 1-6 为单芽腹接、T 字形芽接、工字形芽接 3 种嫁接方法对嫁接成活率的影响，结果表明：单芽腹接、T 字型芽接、工字型芽接的嫁接成活率为 75.56%、77.56%、19.23%，T 字型芽接的嫁接成活率高于单芽腹接和工字型芽接 2 个百分点及 42.2 个百分点，T 字型芽接的嫁接成活率超出单芽腹接和工字型芽接 2%及 303%。对其嫁接成活率进行方差分析，结果表明：单芽腹接与 T 字型芽接、工字型芽接存在极显著差异，表 1-7 的结果表明：单芽腹接和 T 字型芽接，是最适宜的嫁接方法。

表 1-6　不同嫁接方法的平均嫁接成活率

树　种	单芽腹接	T 字型芽接	工字型芽接
望春玉兰	75.56	77.56	19.23

表 1-7　不同嫁接方法的多重比较

嫁接方法	5%显著水平	1%极显著水平
单芽腹接	a	A
T 字型芽接	a	A
工字型芽接	b	B

1.7　'娇红 1 号'嫁接技术体系的建立

本研究在 2015 年基于砧木种类、砧木苗龄、嫁接方法、嫁接时间进行大田嫁接试验，研究表明，望春玉兰是最适宜的砧木、4 年生的望春玉兰为最适宜的苗龄、8 月 15 日是最适宜嫁接时间、单芽腹接是最适宜的嫁接方法。从而在湖北建立一套以 8 月中旬为最适宜嫁接时间(适宜温度为 21~25℃)、以 4 年生望春玉兰为砧木、以单芽腹接进行嫁接的'娇红 1 号'新品种嫁接繁育技术体系，为规模化生产苗木提供理论与技术支持。

1.8　小结

本研究通过大田嫁接试验，系统研究了砧木种类、砧木苗龄、嫁接方法、嫁接时间等对'娇红 1 号'嫁接成活的影响。研究得出以下结论：

(1)通过研究不同砧木树种对'娇红 1 号'嫁接成活率的影响，结果表明：以红花玉兰和望春玉兰为砧木的成活率分别为 86.67%、83.33%，前者成活率比后者高 3.34 个百分点。对其嫁接成活率用 R 语言进行方差分析，结果表明不同的砧木种类没有显著差异。从经济角度出发，红花玉兰作为新物种，价值高；望春玉兰相对便宜，作为砧木树种更适宜，为'娇红 1 号'嫁接技术体系的建立奠定基础。

(2)通过研究不同砧木苗龄对'娇红 1 号'嫁接成活率的影响，结果表明：4 年生、2 年生望春玉兰为砧木的嫁接成活率分别为 86.67%、73.33%，前者嫁接成活率比后者高 13.34 个百分点，前者超出后者 18%。对其成活率用 R 语言进行方差分析，结果表明 2 年生、4 年生望春玉兰为砧木存在极显著差异，证明 4 年生望春玉兰作为砧木最适宜，为'娇红 1 号'嫁接技术体系的建立奠定基础。

(3)通过研究不同嫁接时间对'娇红 1 号'嫁接成活率的影响，结果表明：8 月 1 日、8 月 15 日、9 月 1 日的嫁接成活率分别为 73.33%、83.33%、76.77%，8 月 15 日的嫁接成活率分别高于 8 月 1 日和 9 月 1 日 10 个百分点及 6.56 个百分点，8 月 15 日的嫁接成活率分别超出 8 月 1 日和 9 月 1 日 13%及 9%。对其成活率用 R 语言进行方差分析，结果表明，8 月 1 日、8 月 15 日、9 月 1 日存在显著差异。用 LSD 进行多重比较的结果表明：8 月 15

日的嫁接时间最适宜，为‘娇红 1 号’嫁接技术体系的建立奠定基础。

(4)2015 年 8 月初以 2 年生望春玉兰为砧木，以‘娇红 1 号’为接穗，比较了单芽腹接、嵌芽接对‘娇红 1 号’嫁接成活率的影响。结果表明：单芽腹接、嵌芽接的嫁接成活率分别为 73.33%、56.67%。前者比后者的嫁接成活率高 16.66 个百分点，前者超出后者 29%。对其成活率用 R 语言进行方差分析，结果表明嵌芽接、单芽腹接存在极显著差异。从而证明单芽腹接是最适宜的嫁接方法，为‘娇红 1 号’嫁接技术体系的建立奠定基础。

基于 2015 年单芽腹接是最适宜的嫁接方法的结论，2016 年 8 月初以 2 年生规格相同的望春玉兰为砧木，以‘娇红 1 号’为接穗，对单芽腹接、T 字形芽接、工字形芽接 3 种嫁接方法进行了比较研究。结果表明：单芽腹接和 T 字形芽接，是适宜的嫁接方法。

第2章
红花玉兰嫁接愈合机理

2.1 嫁接愈合机理概述

2.1.1 嫁接愈合过程

经查阅文献，未发现有关木兰科植物嫁接愈合机理的相关研究。从其它科属植物嫁接愈合机理研究结果来看，愈伤组织由除表皮以外的砧穗各部分的活组织，如表皮、皮层、形成层、韧皮薄壁组织和髓等参与形成（苏媛，2007）。砧穗不同，所产生愈伤组织的数目也有差别。一般来说，嫁接组合中接穗的愈伤组织比砧木多，这一现象产生的原因与生长素和碳水化合物在隔离层的接穗一侧积累有关，因为生长素有极性运输的特性（Yeoman and Brown，1976；苏媛，2007）。草本植物愈伤过程中，愈伤组织细胞大多数是在维管束和皮层处，髓部只出现极少数的部分（Wang and Kollmann，1996；王芳，2004a，2004b；王晓玲，2011；杨世杰，1987）。嫁接愈合是同种或者异种砧穗的细胞、组织、器官相互影响与作用，结合成一个有机整体并生长为完整的植物体的过程（冯金玲，杨志坚，陈辉，2012a，2012b）。

关于嫁接愈合过程，不同研究人员划分的结果并不相同。冯金玲、佗奇认为愈伤的过程一般分为5个阶段：第一阶段是隔离层形成期；第二阶段是愈伤组织分化形成期；第三阶段是愈伤组织连接期；第四阶段是形成层分化形成期；第五阶段是维管束分化形成期（冯金玲，2011；佗奇，2014）。而陶金刚、李淑玲认为愈合的过程为4个阶段：第一阶段是接面薄膜形成阶段；第二阶段是愈伤组织分化阶段；第三阶段是砧穗形成层连结阶段；第四阶段是接部维管功能完善阶段（李淑玲，2008；陶金刚，2004b）。初庆刚划分为愈伤组织形成、维管形成层及活动2个阶段（初庆刚，张长胜，1992）。王淑英划分为隔离层的出现，愈伤组织的形成，愈伤组织接触、抱合及分化，输导组织分化与连接4个阶段（王淑英等，1998）。卢善发认为嫁接体发育包括初始粘连、愈伤组织产生、次生胞间连丝形成及维管束桥分化等几方面，后两者只在成功的嫁接中发生，而初始粘连和愈伤组织产生在成功的和不成功的嫁接中皆发生（卢善发，宋艳茹，1999）。嫁接体愈合所需的时间与砧穗种类、嫁接方法及时期、年龄等都有关，但愈合的过程基本相同（安飞飞等，2011；

黄坚钦等，2001；金芝兰，1980；卢善发，宋艳茹，1999b；王淑英等，1998；袁媛，2007）。

2.1.2 嫁接愈合过程中生理变化

嫁接体生长发育的生理研究包括营养物质、水分和酶。营养物质包括可溶性糖，相对电导率在一定程度上反映了苗木水分状况和细胞受损情况（吕月玲，2007）。酶主要是指CAT、POD、PAL、PPO、SOD（江昌俊，余有本，2001；苏媛，2007；余沛涛，薛应龙，1986）。上述指标在嫁接愈合的不同时期发挥着重要的生理作用，保证嫁接愈合过程中各个阶段的顺利进行（朱晓慧，2014）。

2.1.2.1 可溶性糖与嫁接愈合的关系

可溶性糖可以保持渗透平衡，尤其植物处于逆境环境时，还可以防止原生质体的水分散失、造成不可逆的凝胶化（何跃君等，2008；杨志坚等，2013）。刘芬研究了葡萄嫁接砧穗间的亲和力与可溶性糖的关系，结果表明两者之间成正相关（刘芬，2009；王淑英等，1998；王晓玲，2011）。苏媛对黄瓜的愈合过程研究发现砧穗愈合过程需要消耗物质和能量（王玉彦等，1995；杨仕伟，2012）。苏文川的研究发现：薄壳山桃的砧穗发育中可溶性糖可以为细胞的分裂和分化提供能量，得出的结论与苏媛的结论相同（苏文川，2016）。而冯金玲在油茶芽砧的研究得出：可溶性糖只参与生长发育过程，不参与愈合过程（冯金玲，2011a）。

2.1.2.2 相对电导率与嫁接愈合的关系

相对电导率在一定程度上也会影响砧穗愈合。细胞膜对物质具有选择透过性，当植物遭受逆境时，细胞膜受损、膜透性增大、电解质外渗，导致植物细胞的电导率增大（王媛，2007；冯金玲等，2011b；谷绪环等，2008；谢宏伟等，2011）。相对电导率反映苗木水分状况和细胞受损情况（吕月玲，2007）。冯金玲对油茶芽苗砧嫁接苗进行研究，结果表明前期穗条的失水和嫁接的伤口导致相对电导率急剧上升，隔离层的形成时期出现第一个高峰，维管束桥的分化形成阶段出现第二个高峰（冯金玲，2011a）。

2.1.2.3 超氧化物歧化酶与嫁接愈合的关系

超氧化物歧化酶（SOD）是一种广泛存在生物中的金属酶、属于保护酶（严毅，2012a；冯金玲，2011a）。当植物受到迫害时，SOD 会歧化 O_2^- 生成 H_2O_2 和 O_2，从而起到保护植物免受伤害的作用（严毅，2012a，2012b，2012c，2011a，2011b；马旭俊，朱大海，2003）。在逆境条件下，SOD 会维持较高的活性，从而使活性氧保持较低水平；SOD 可以氧化酚类化合物形成酮，酮具有抑制和毒害病菌、减轻膜结构和功能的作用（严毅，2012；马旭俊，朱大海，2003；严毅等，2012a，2011b）。扁杏、油茶和葡萄柚的愈合部位 SOD活性低可以促进愈伤组织形成，从而提高嫁接成活率（冯金玲，2011a；曲云峰，2007；王晓玲，2011；严毅等，2012a，2012b）。

2.1.2.4 过氧化氢酶与嫁接愈合的关系

过氧化氢酶（CAT）是清除 H_2O_2 的重要保护酶，存在于植物的各个组织器官中，其活性的大小与植物的抗逆性有关(邓佳等，2013；严毅，2011，2012；张鑫，2012)。可催化以下反应：$2H_2O_2 = 2H_2O + O_2$。当植物遭受逆境，植物体内的自由基会对植物膜系统产生伤害，CAT作为植物保护酶，可以清除自由基，从而减轻伤害(严毅，2011a，2012a，2012b)。葡萄柚嫁接愈合过程中CAT酶活性越高，嫁接就越容易成活，严毅认为CAT活性的差别可以作为葡萄柚嫁接亲和力的早期预测指标(冯金玲，2011a；严毅，2012a)。CAT的研究结果不一致，黄瓜(苏媛，2007)和油茶(冯金玲，2011a)的研究认为CAT活性均于创口愈合期间上升，起到了保护作用，而曲云峰认为愈伤组织的形成过程不受CAT活性影响(曲云峰，2007)。

2.1.2.5 过氧化物酶与嫁接愈合的关系

过氧化物酶(POD)广泛存在植物体中，参与多种生理功能(齐丹，2007)。组织器官和酶分布的不同，数量也不尽相同。在嫁接愈伤过程中，嫁接面的吲哚乙酸被POD氧化。木质素生物合成的最后一步是单体发生聚合反应最终形成木质素，POD可以催化H_2O_2分解促进木质素的形成(李芸瑛，梁广坚，2005；聂敬全，2009；苏媛，2007d；孙群等，1998)。山楂砧穗POD活性的动态测定证明：砧穗POD的大小可以反映嫁接亲和性的强弱(王威，刘燕，2012)。冯金玲对油茶的愈合过程研究表明POD活性越高，嫁接体越容易愈合，POD与嫁接亲和力有关，可作为判断嫁接亲和性强弱的指标(冯金玲，2011；陶金刚，2004；肖艳等，2001；严毅，2012a)。POD作为清除活性氧、H_2O_2的重要保护酶，可以将H_2O_2转化为分子氧和水(王静等，2015；赵依杰，2007)。POD在愈合过程中还参与木质素合成(卢善发，2000)。CAT和POD不仅有清除自由基作用，同时还具有与植物生长素氧化酶相似的性质，不仅对植物的生长有调节作用，还对嫁接接口愈合过程中木质素合成起到重要作用(冯金玲，2011)。卢善发对番茄嫁接研究(卢善发，宋艳茹，1999)、杨冬冬对西瓜嫁接(杨冬冬，黄丹枫，2006)研究也有类似的结果。

2.1.2.6 苯丙氨酸解氨酶与嫁接愈合的关系

苯丙氨酸解氨酶(PAL)能够促进细胞分化及木质化。愈伤组织分化过程中PAL活性有所升高，PAL活性升高可促进木质素合成和管状分子的形成，使得砧穗间水分和营养物质运输能够顺利运行(邓佳，2013；孙华丽等，2013；严毅，2012a，2012b，2012c；朱学亮，2009)。接穗苗龄大，木质化程度高，PAL酶活性也就越高，砧穗就越容易愈合(邓佳，2013；黄曼娜等，2014；李志军等，2012；牛晓丹，2009；宋健坤等，2013；孙华丽等，2013a；严毅，2012；赵静等，2016)。PAL亦是产生酚类物质代谢途径中的调节酶，酚类和黄酮类物质的积累速度与PAL活性的变化存在相关性(史俊燕等，2005)。嫁接愈合初期PAL活性降低；嫁接愈合中期即嫁接后12d左右，PAL活性最高；随后PAL活性开始下降至嫁接愈合初期(牛晓丹，郭素娟，2009；张红梅，2005)。

2.1.2.7 多酚氧化酶与嫁接愈合的关系

多酚氧化酶(PPO)是细胞中线粒体外末端氧化酶之一，参与愈伤呼吸及细胞壁、木质素合成(苏媛，2007；严毅，2012；张红梅等，2005；赵伶俐等，2005)，当细胞受伤或受到刺激时，细胞会呈现较高的 PPO(邓佳，2013；严毅，2012；苏媛，2007；张红梅等，2005)。PPO 是植物体内的保护酶，存在于细胞质、质体、微粒体中，参与愈伤呼吸及细胞壁、木质素合成(邓佳等，2013；雷东锋等，2004；严毅等，2011b、2011c、2012)。当植物受到伤害时，PPO 与多酚类化合物可以形成隔离层，抑制嫁接成活(严毅，2012)。朱晓慧表示在嫁接愈合初期 PPO 是植物体内细胞的一种自我保护性反应，活性往往很高(朱晓慧，2014)。西瓜的 PPO 活性嫁接初期较高，以后变化平稳；大苗龄接穗嫁接体的 PPO 活性较高(张红梅等，2005)。严毅对 9 个葡萄柚品种与曼赛龙柚嫁接生理酶活性进行研究，通过不亲和性嫁接组合和亲和性嫁接组合对比发现，不亲和组合 PPO 酶活性高且持续时间长(严毅，2012a)。油茶和葡萄柚嫁接愈合时 PPO 活性越低，嫁接越容易愈合(冯金玲，2011)。PPO 活性的高低可以进行砧穗木质化程度的判断，还可作为嫁接愈合情况的判断(王月，2016；严毅，2012a)。牛晓丹在板栗芽苗嫁接研究中发现嫁接后 6 天嫁接接口处 PPO 酶活性最高，之后 PPO 酶活性降低，且变化趋于平缓。嫁接初期，由于劈接形成较大的创伤面，促使接合处 PPO 酶活性高，随着嫁接口愈伤组织的形成与分化，PPO 酶活性降低(牛晓丹，郭素娟，2009；牛晓丹，2009)。

2.1.2.8　愈合过程中各物质的相关性分析

严毅研究表明 POD、SOD、CAT、PPO 和 PAL 五大酶活性均与葡萄柚嫁接亲和力有关，可作为葡萄柚嫁接亲和力的早期预选指标，但是各指标间相关性均未达到显著性水平，进而说明各指标具有相互独立性且相互影响不大(严毅等，2012a；严毅，2012b；严毅等，2011b；严毅，2011a；严毅等，2011c)。但是冯金玲在油茶芽苗砧嫁接苗愈合过程中对 POD、SOD、CAT、相对电导率、可溶性糖进行相关性分析，结果具有显著性差异，POD 与可溶性糖和 CAT 呈极显著正相关，与相对电导率和 SOD 呈显著正相关；SOD、CAT、相对电导率、可溶性糖这四个指标有可能是通过 POD 间接影响嫁接苗的成活(冯金玲，2011；郑碧娟等，2014)。

2.2　研究方法

2.2.1　'娇红 1 号'嫁接愈合过程中相关生理指标变化的试验设计

试验设计是基于嫁接技术得出望春玉兰为最佳砧木、8 月 15 日为最佳嫁接时间、单芽腹接为最佳嫁接方法的基础上，进行嫁接愈合机理的试验。2016 年 8 月 15 日在湖北五峰以 2 年生望春玉兰为砧木，砧木距离地面 50cm 的树叶全部去掉，在距地面 15~20cm 的部位自上而下地斜向纵切，从表皮到皮层一直到木质部表面，向下切入约 5cm，再将切开的树皮切去约一半。以生长健壮的'娇红 1 号'为接穗，用单芽腹接的方法进行嫁接。对照实生苗的处理与砧木的处理一致，共 54 株。嫁接后 0d、4d、8d、12d、18d、24d、30d、36d、42d 共取样 9 次。采用完全随机方法进行取样，每次重复 3 次，共取样 54 株。采集嫁接部位上下 5cm 的枝段，装入自封袋，放置液氮中带回实验室，贮藏于-80℃冰箱。待42d 后取样结束，统一测定生理指标(冯金玲，2011a)。

2.2.2 '娇红1号'愈合过程中相关生理指标的测定

2.2.2.1 可溶性糖测定

可溶性糖含量测定采用蒽酮比色法(王学奎,2006;严毅,2012a)。

$$可溶性糖 = (C \times V \times 100\%)/(V_s \times W \times 10^6) \qquad (2-1)$$

式中:C 为标准曲线上查得的含糖量(mg/mL);V 为提取液体积(mL),本试验取 50mL;V_s 为测定时取用体积,取 1mL;W 为样品鲜重(g)。

2.2.2.2 相对电导率测定

参照冯金玲和陈建勋的试验方法,进行测定(冯金玲,2011a;陈建勋,2006)。

$$相对电导率 = S_1/S_2 \times 100\% \qquad (2-2)$$

式中:S_1 为电导仪初测电导值;S_2 为终测电导值。

2.2.2.3 超氧化物歧化酶活性测定

采用氮蓝四唑(NBT)光还原法,参照刘萍和严毅试验方法部分改动(刘萍,2006;严毅,2012a)。

$$SOD = [(A - A_{CK}) \times VT]/(A \times 0.5 \times W \times V_1) \qquad (2-3)$$

式中:A 为分光光度计的读数;VT 为测定用酶液体积,本试验取 4mL;V_1 为酶粗提取体积,取 0.05mL;W 为样品鲜重(g)。

2.2.2.4 过氧化氢酶活性测定

参照朱丽丽 H_2O_2 试验方法部分改动(朱丽丽,2008;严毅,2012a)。

$$CAT = (\Delta A240 \times VT)/(0.1 \times V_1 \times T \times W) \qquad (2-4)$$

式中:A 为分光光度计的读数;VT 为测定用酶液体积,本试验取 4mL;V_1 为酶粗提取体积,取 0.05mL;W 为样品鲜重(g);T 为加过氧化氢到最后一次读数时间。

2.2.2.5 过氧化物酶活性测定

参照张治安、严毅的试验方法,部分改动(张治安,2008;严毅,2012a)。

$$POD = (OD - OD_{CK})/(V_1 \times W) \qquad (2-5)$$

式中:OD 为分光光度计的读数;V_1 为酶粗提取体积,取 0.3mL;W 为样品鲜重(g)。

2.2.2.6 苯丙氨酸解氨酶活性测定

采用的苯丙氨酸法参照李玉泉、严毅的试验方法改编(李玉泉,2001;严毅,2012a)。

$$PAL = (OD \times V_1)/(0.01 \times V_2 \times T \times W) \qquad (2-6)$$

式中:OD 为分光光度计的读数;V_2 为测定用酶液体积,本试验取 0.5mL;V_1 为酶粗提取体积,取 4mL;W 为样品鲜重(g)。

2.2.2.7 多酚氧化酶活性测定

采用的邻苯二酚法参照章金明、严毅的试验方法改编(章金明,2006;严毅,2012a)。

$$PPO = (OD \times 8)/(0.01 \times W \times T) \qquad (2-7)$$

式中：OD 为分光光度计的读数；W 为样品鲜重(g)。以上的生理指标都重复 3 次。

2.2.3 数据处理

试验数据采用 Microsoft Excel 进行数据计算和绘制图表，用 R 语言进行方差分析、多重比较及相关性分析(张明华，2016)。

2.3 '娇红 1 号'嫁接愈合过程中生理生化因子的作用分析

2.3.1 可溶性糖

由图 2-1 可以看出：0~20d 嫁接苗的可溶性糖含量明显低于对照，平均每天低于对照 0.53%，其中嫁接后 4d、12d 差异尤为明显，分别比对照低 56%、37%；20~42d 嫁接苗可溶性糖含量高于对照，平均每天高于对照 0.74%。到愈合末期，嫁接苗可溶性糖含量恢复至初始水平，与对照可溶性糖含量相当。对照可溶性糖含量在愈合过程中其变化曲线呈 "两峰"的特征，分别在 12d、36d 出现高峰，其含量分别是同时期嫁接苗可溶性糖含量的 101%和 97%。而嫁接苗可溶性糖含量在愈合过程中其变化曲线呈"3 个高峰"的特征，3 个高峰分别出现在嫁接后 8d、24d 和 36d，其可溶性糖含量分别是同时期对照的 98%、201% 和 103%。同时，嫁接苗可溶性糖含量在愈合过程中其变化曲线呈"3 个低谷"的特征，3 个低谷分别出现在嫁接后 4d、18d 和 30d，其可溶性糖含量分别是同时期对照的 44%、76% 和 125%。

可溶性糖是生物体内重要的能源和碳源，通过生物氧化为细胞提供能量(周华，董凤祥，2007)。同时，愈伤组织生长期和形成层连接期需要可溶性糖为细胞分裂和分化提供能量(苏文川，2016)。本试验中，嫁接苗可溶性糖含量在 4d、18d 和 30d 出现低谷，4~8d、18~24d、30~36d 可溶性糖含量增加，是为细胞分裂和分化提供能量。可推测出：4d 是愈伤组织分化形成期；18d 是愈伤组织连接期，30d 是形成层分化期。

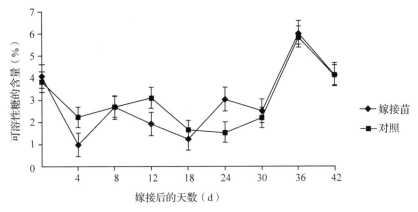

图 2-1 '娇红 1 号'嫁接愈合过程中可溶性糖的变化

2.3.2　相对电导率

由图2-2可以看出：愈合过程中，2~12d嫁接苗相对电导率高于对照相对电导率，平均每天高出0.06%；12~42d嫁接苗相对电导率水平均低于对照，平均每天低于对照0.95%。对照的相对电导率在愈合过程中其变化曲线呈"两峰"的特征，分别在18d、30d出现高峰，其相对电导率分别是同时期嫁接苗可溶性糖含量107%和112%。而嫁接苗相对电导率在嫁接愈合过程中其变化曲线呈"3个高峰"的特征，3个高峰分别出现在嫁接后4d、18d和30d，其相对电导率分别是同时期对照的137%、93%和89%。

当植物遭受逆境时，细胞膜受损、膜透性增大、电解质外渗，导致植物细胞的电导率增大(王媛，2007；冯金玲等，2011b；谷绪环等，2008；谢宏伟等，2011)。同时，隔离层形成期和维管束桥的分化形成阶段，这两个阶段细胞膜透性相应的会提高(冯金玲，2011a)。由此推测：4d可能是处在隔离层形成期，30d是处于维管束分化形成期。

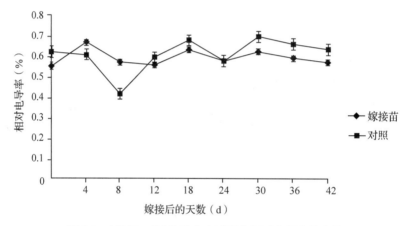

图2-2　'娇红1号'嫁接愈合过程中相对电导率的变化

2.3.3　超氧化物歧化酶活性

超氧化物歧化酶(SOD)是一种保护酶(严毅，2012a；冯金玲，2011a)。由图2-3可知：嫁接苗和对照苗愈合部分的SOD活性都呈先升后降的趋势。嫁接后的0~6d，嫁接苗平均SOD活性低于对照2.2%；6~42d嫁接苗平均SOD活性高于对照3.3%。愈合部分SOD活性低，促进愈伤组织形成，从而提高嫁接成活率。6~42d对照的SOD活性都是低于嫁接苗，说明总体上嫁接苗的愈合能力小于对照。

对照SOD活性在4d、12d出现高峰，是同期嫁接苗的108%、89%。而嫁接苗SOD活性变化呈"双峰"曲线，从嫁接当日起即开始缓慢上升，12d达到第一峰值，其活性值比初期升高60.78%，比同期对照高11.29%；随后有所下降，18~24d又回升，24d出现第二个峰值，其酶活性比同期对照高29.89%，发育末期又逐步下降。其中，第一个峰值高出第二个峰值7%。在2个峰值间隔的时期(12~24d)，嫁接苗SOD平均活性为263.22 U/(gFW·min)，对照苗SOD平均活性为229.16U/(gFW·min)，嫁接苗SOD活性比对照高出14.8%，表明这一时段可能是嫁接口愈合的关键期。

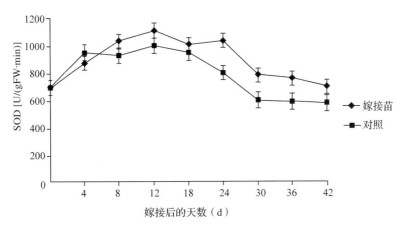

图 2-3 '娇红 1 号'嫁接愈合过程中 SOD 活性的变化

2.3.4 过氧化氢酶活性

由图 2-4 可知，整体上嫁接苗 CAT 活性比对照低，只有在 0~8d 和 17~19d 嫁接苗 CAT 活性高于对照，嫁接苗平均 CAT 活性高于对照 3.5%；9~17d、19~42d 都是嫁接苗 CAT 活性低于对照，嫁接苗平均 CAT 活性低于对照 4.7%。嫁接苗 CAT 活性在 4d、18d、30d 出现 3 个高峰，分别是同时期对照的 124%、111%、86%。而对照 CAT 活性在 12d、30d 出现 2 个高峰，分别是同时期嫁接苗的 171%、111%。

CAT 作为植物保护酶，当植物受到伤害时迅速升高，保护植物免受伤害（严毅，2012a；冯金玲，2011a），而隔离层形成期的作用是防止水分蒸发，保护伤口不受有害物质侵入，是嫁接愈合过程中的第一阶段。本试验中，0~8d 嫁接苗 CAT 活性高于对照，嫁接苗在 4d CAT 活性出现高峰，故推测出 0~4d 是隔离层形成期。

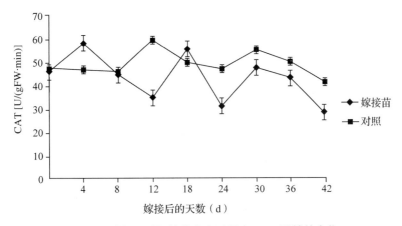

图 2-4 '娇红 1 号'嫁接愈合过程中 CAT 活性的变化

2.3.5 过氧化物酶活性

由图 2-5 可知，只有 18d、30d 嫁接苗低于对照，其余都是嫁接苗高于对照，平均嫁接苗 POD 活性比对照高出 5.1%。嫁接苗 POD 活性呈先增后减交替出现的趋势，分别于 24d、36d 出现高峰，24d POD 活性达到 849.9 U/（gFW·min），36d POD 活性达到 800U/（gFW·min），24d、36d POD 活性分别是其同时期对照的 136% 和 129%。而对照 POD 活性的整体变化趋于平稳，在 18d、30d 出现小高峰，18d 达到 650.1U/（gFW·min），30d 的活性达到 665.9 U/（gFW·min），18d、30d POD 活性分别是其同时期嫁接苗的 108%、77.5%。

POD 作为保护酶，当植物受到伤害时，会迅速升高保护植物免受伤害，而隔离层的作用是防止水分蒸发，保护伤口不受有害物质侵入，0~4d POD 活性的升高，就是保护植物免受伤害，可推测出 0~4d 是隔离层形成期。同时，POD 与嫁接愈合过程中愈伤组织的连接有关（苏媛，2012）。本试验中，嫁接苗 POD 活性的第一个高峰出现于嫁接后 24d，故可推测：24d 是愈伤组织连接期。相关研究认为，POD 活性升高有助于维管组织分化和连接（苏文川，2016；冯金玲，2011a；张红梅，2005），嫁接后 36d POD 活性出现第二个高峰，由此推测：36d 是连接砧穗的输导组织分化形成的时期（维管束分化形成期）。

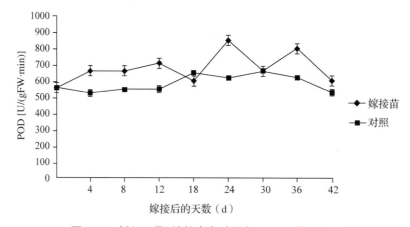

图 2-5 ‘娇红 1 号’嫁接愈合过程中 POD 活性的变化

2.3.6 苯丙氨酸解氨酶活性

图 2-6 表明，嫁接苗 PAL 活性和对照都呈波浪式波动，都是先降低再升高交替出现的变化趋势。在 0~42d 之间，嫁接苗 PAL 活性在嫁接后 24d 达到最高值，在 4d 出现最低值，分别是刚嫁接时活性的 143% 和 38%，最高值是最低值的 3.77 倍；而对照 PAL 活性也是在 24d 达到最高值，4d 出现最低值，分别是刚愈伤处理时活性的 120% 和 65%，最高值是最低值的 1.85 倍。嫁接苗 PAL 活性的最高值与最低值的比值是对照相应比值的 2.03 倍，所以愈合过程中嫁接苗 PAL 活性的变化比对照变化更激烈。

嫁接苗 PAL 活性在 12d 和 24d 出现高峰，其值分别是 72.93 U/（gFW·min）、71.77U/（gFW·min），12d、24d 的 PAL 活性分别是其同时期对照的 184% 和 118%。对照

PAL 活性在 8d、24d 出现高峰，分别为 40.09U/（gFW·min）、60.50U/（gFW·min），分别是其同时期嫁接苗的 57% 和 84%。PAL 是次生木质部分化过程中最重要的酶，用于木质部分化过程中次生壁的增厚（王雅清，2001；冯金玲，2011c）。此时，PAL 可促进砧穗的形成层进行旺盛的分化活动，形成大量的次生木质部；还可以促进砧木木质部与接穗交接处的愈伤组织大量分裂增生，部分突破隔离层，形成连接砧穗的愈伤组织桥（苏文川，2016）。在愈合过程中，嫁接苗 PAL 活性分别于嫁接后 12d 和 24d 出现高峰。由此可推测：12d 砧穗的形成层进行着旺盛的分化，24d 砧穗交接处的愈伤组织大量分裂增生，形成愈伤组织桥。从而得出：12d 是愈伤组织分化形成期；24d 是愈伤组织连接期。同时，PAL 具有促进细胞分化及木质化的作用，在细胞分化和木质化时期会呈上升趋势。4~12d、18~24d、30~42d 3 个时期是嫁接苗 PAL 活性的上升期，且愈伤组织分化形成期、愈伤组织连接期、维管束分化形成期 3 个时期的 PAL 活性也会升高。由此推测：4~12d 是愈伤组织分化形成期；18~24d 是愈伤组织连接期；30~42d 是维管束分化形成期。

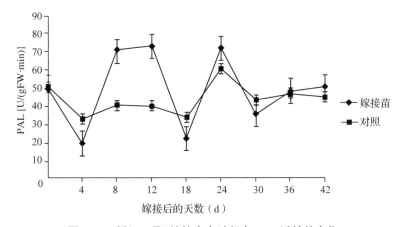

图 2-6 '娇红 1 号'嫁接愈合过程中 PAL 活性的变化

2.3.7 多酚氧化酶活性

由图 2-7 可以看出：嫁接苗 PPO 活性呈波浪状变化趋势，对照苗 PPO 活性呈先升高后趋于稳定的趋势。嫁接苗 PPO 活性在 4d、12d 和 30d 出现了 3 次高峰，其值分别是 35.35U/（gFW·min）、43.32U/（gFW·min）、42.49U/（gFW·min），分别是其同时期对照的 122%、172% 和 155%。对照 PPO 活性在 4d 出现 1 个高峰，PPO 为 28.98U/（gFW·min），是其同时期嫁接苗的 81.9%。

当细胞受损时，PPO 活性会迅速升高，并产生隔离层保护植物免受伤害，而隔离层的作用是防止水分蒸发，保护伤口不受有害物质侵入，4d 出现的高峰就是为了保护植物免受伤害，可推测出 4d 是隔离层形成期。同时，PPO 参与愈伤反应中木质素的合成，有助于维管组织的连接。本试验中，嫁接苗 PPO 活性在 12d 和 30d 出现高峰，可推测 12d、30d 是嫁接苗愈合过程中木质素合成的重要时期，而木质素合成时期包括愈伤组织分化形成期和维管束分化形成期，从而判断 12d 是愈伤组织分化形成期，30d 是维管束分化形成期。

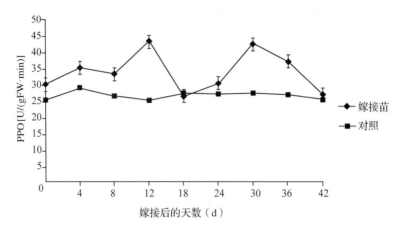

图 2-7 '娇红 1 号' 嫁接愈合过程中 PPO 活性的变化

2.4 嫁接苗愈合过程时期的划分

关于嫁接愈合过程，不同研究人员划分的时期并不相同。本试验采用冯金玲的划分方法，把愈合过程划分为 5 个阶段。即隔离层形成期、愈伤组织分化形成期、愈伤组织连接期、形成层分化形成期、维管束分化形成期。通过嫁接苗和对照苗的可溶性糖、相对电导率、SOD、POD、CAT、PAL、PPO 的研究，发现 4d、12d、24d、30d 是嫁接苗愈合的关键时期，这些关键点可能是处在嫁接口愈合过程中的隔离层形成期、愈伤组织分化形成期、愈伤组织连接期、形成层分化形成期和维管束分化形成期。

表 2-1 为各种生理指标的愈合时期表，由表可知：4d 既出现在隔离层形成期，又出现愈伤组织分化形成期，由此说明 4d 是隔离层末期、愈伤组织分化形成期初期，即 0~4d 为隔离层形成期。12d 既出现在愈伤组织分化形成期又出现在愈伤组织连接期，可推测出 12d 是愈伤组织分化形成期末期、愈伤组织连接期初期，即 4~12d 为愈伤组织分化形成期。18d 和 24d 是愈伤组织连接期，故推测出 24d 是愈伤组织连接期的末期，因此，12~24d 为愈伤组织连接期。30d 是形成层分化形成期，30d、36d 是维管束分化形成期，并且 30~42d 也是维管束分化形成期，故可推测出 30d 是形成层分化形成期的末期、维管束分化形成期的初期，由此得出 24~30d 为形成层分化形成期、30~42d 为维管束分化形成期。

综上所述，可推测出嫁接愈合过程：0~4d 为隔离层形成期；4~12d 为愈伤组织分化形成期；12~24d 为愈伤组织连接期；24~30d 为形成层分化形成期；30~42d 为维管束分化形成期。

研究表明，嫁接愈合周期为 40d 左右，因此在 40d 内以下措施的实施，可以缩短嫁接愈合时间，提供嫁接成活率。嫁接时应严格按照嫁接操作技术要求进行作业，操作过程越快越好，应尽量缩短作业时间，使产生的多酚物质减少，这样可以缩短隔离层形成期，使嫁接愈合能更快进入愈伤组织分化形成期。嫁接前应加强砧木的水肥管理，使其积累更多的养分，接穗也必须是生长健壮、芽体饱满的枝条，可以为愈伤组织连接期提供较多的能量。同时，给予嫁接口一定的通气条件，满足砧穗结合部形成层细胞呼吸作用所需的氧气，促进形成层分化，使愈合过程更快进入维管束分化时期，从而整体缩短嫁接愈合时间。

表 2-1　各种生理指标的愈合时期表

生理指标	隔离层形成期	愈伤组织分化形成期	愈伤组织连接期	形成层分化形成期	维管束分化形成期
可溶性糖	4d		18d	30d	
相对电导率	4d				30d
SOD					
CAT	0~4d				
POD	0~4d		24d		36d
PAL		12d	24d		
		4~12d	18~24d		30~42d
PPO	4d	12d			30d
时期划分	0~4d	4~12d	12~24d	24~30d	30~42d

2.5　小结

2.5.1　结论

本研究在湖北建立了'娇红 1 号'新品种嫁接繁育技术体系：以 8 月中旬为最适宜嫁接时间（适宜温度范围为 21~25℃）、4 年生望春玉兰为砧木、以单芽腹接进行嫁接的'娇红 1 号'新品种嫁接繁育技术体系，并探究望春玉兰作为砧木嫁接'娇红 1 号'愈合过程的生理指标变化规律及其相互关系，判断嫁接愈合的关键时期，为规模化生产苗木提供理论与技术支持。

根据各个生理指标特性及变化规律，判断出嫁接苗的愈合过程可以分为 5 个时期：0~4d 为隔离层形成期；4~12d 为愈伤组织分化形成期；12~24d 为愈伤组织连接期；24~30d 为形成层分化形成期；30~42d 为维管束分化形成期。各个生理指标在愈合过程中的功能分别为：可溶性糖为愈合过程提供能量；相对电导率反映愈合过程中的苗木水分状况和细胞受损情况；SOD、POD、CAT 在愈合初期起到保护细胞免受伤害的作用；PAL、PPO、POD 在愈合后期起到促进细胞分化的作用。

通过嫁接愈合机理及嫁接苗愈合过程的研究，可以得出：嫁接愈合周期为 40d 左右，因此为缩短嫁接愈合时间，提高嫁接成活率，在 40 天内宜采取以下措施：嫁接时应严格按照嫁接操作技术要求进行作业，操作过程越快越好，应尽量缩短作业时间，使产生的多酚物质减少，缩短隔离层形成期，使嫁接愈合能更快进入愈伤组织分化形成期；嫁接前应加强砧木的水肥管理，使其积累更多的养分，接穗也必须是生长健壮、芽体饱满的枝条，可以为愈伤组织连接期提供较多的能量；同时，给予嫁接口一定的通气条件，满足砧穗结合部形成层细胞呼吸作用所需要的氧气，促进形成层分化，使愈合过程更快进入维管束分化时期，从而整体缩短嫁接愈合时间。

2.5.2　讨论

（1）可溶性糖与嫁接愈合

可溶性糖为愈合过程提供能量，与苏文川得出的结论相同；而冯金玲得出的结论是只参与生长发育过程，不参与愈合过程，与本试验结论不同，可能是树种不同的原因。

（2）相对电导率与嫁接愈合

嫁接苗相对电导率在 4d 和 30d 出现高峰。4d 处在嫁接口隔离层形成期，30d 处于维管束分化形成期，这两个阶段电导率随着细胞膜透性的提高而提高。这与谷绪环、王媛的结论相同。

（3）SOD、POD、CAT 与嫁接愈合

SOD、POD、CAT 是植物保护酶，在愈合初期起到保护的作用。本研究中 SOD 活性在 0～12d 愈合期间呈上升趋势，起到了保护作用，嫁接苗 SOD 活性呈先升后降的趋势，且总体上嫁接苗的愈合能力小于对照。嫁接苗 POD 活性的增加可促进结合部的愈合，本研究中 POD 的活性在 0～18d 呈上升趋势，这与朱晓慧、杨冬冬对无刺花椒、西红柿、西瓜的研究结果一致。CAT 在 0～4d 愈合期间呈上升趋势，起到了保护作用，这与黄瓜和油茶的研究结果相同，而曲云峰对大扁杏研究结果表明愈合过程不受 CAT 活性影响。

（4）POD、PAL、PPO 与嫁接愈合

POD 与嫁接愈合过程中愈伤组织的连接有关，POD 活性升高有助于维管组织分化。在愈伤组织连接期、维管束分化形成期出现高峰，与苏媛、苏文川、冯金玲的结论相同；嫁接苗 PAL 活性的最高值与最低值的比值是对照相应比值的 2.03 倍，愈合过程中嫁接苗 PAL 活性的变化比对照变化更激烈，与冯金玲、朱晓慧的结论相同。PAL 具有促进细胞分化及木质化的作用，在细胞分化和木质化时期会呈上升趋势。4～12d、18～24d、30～42d 3 个时期是嫁接苗 PAL 活性的上升期，这与孙华丽和杨冬冬分别对梨和西红柿的嫁接愈合的变化趋势研究结果基本一致。PPO 主要在接合部愈合初期发挥作用，形成隔离层，保护植物伤口。试验结果显示：嫁接后 PPO 活性在 0～12d 内呈上升趋势；12～18d PPO 活性下降；18～40d，由于促进木质素合成，PPO 活性在 36d 出现高峰，与无刺花椒的整体变化趋势类似。

（5）嫁接苗愈合过程时期的划分

关于嫁接愈合过程，不同研究人员划分的时期不相同。冯金玲、佗奇认为愈伤的过程一般分为 5 个阶段；陶金刚、李淑玲、王淑英认为愈合的过程为 4 个阶段。初庆刚划分为 2 个阶段。通过嫁接苗和对照的可溶性糖、相对电导率、SOD、POD、CAT、PAL、PPO 研究，发现 4d、12d、24d、30d 是嫁接苗愈合的关键时期，因此按照冯金玲划分为 5 个时期的方法进行愈合过程的划分，把愈合过程划分为 5 个阶段，即隔离层形成期、愈伤组织分化形成期、愈伤组织连接期、形成层分化形成期、维管束分化形成期。

2.5.3　展望

本研究主要对原产地湖北五峰进行红花玉兰的嫁接技术和愈合机理的研究，可以为以后的推广提供技术支持。随着红花玉兰种质资源的推广，全国范围内将进行红花玉兰的嫁

接技术和愈合机理的研究，建立完整的红花玉兰嫁接技术体系。

由于时间关系，本论文嫁接技术的研究试验是在原有嫁接苗木的基础上进行的单因素试验。今后进行嫁接技术研究需要涉及砧木苗龄、砧木种类、嫁接时间、嫁接方式等完整的试验设计，最好是正交或者完全随机区组试验。同时，未来还可开展影响嫁接成活的环境因子的研究，更加系统地研究嫁接技术体系。

嫁接愈合机理的研究包括解剖学机制和生理生化机制，本试验只是进行了生理生化机制的研究，而解剖学可以用细胞学原理和图片展现出各个时期的变化，使各个阶段的差异更加明显，建议后续开展相关解剖学的研究。愈合机理研究是基于嫁接技术结论的基础进行试验设计，最终采用在 2016 年 8 月中旬(8 月 15 日)以 2 年生望春玉兰为砧木，以'娇红 1 号'为接穗，以单芽腹接的方法进行嫁接，这种组合也是生产实践中嫁接成活率最高的组合，探究此组合也能揭示生产实践的嫁接愈合过程中的生理指标的变化，判断嫁接愈合的关键时期。今后还可以进一步探索不同砧木、不同嫁接时间、不同嫁接方法等技术条件下嫁接成活差异的形成机制，为深入研究红花玉兰嫁接愈合机理，提高嫁接苗的成活率提供理论基础。

第二编　扦插繁殖

扦插繁殖建立在细胞全能性的理论之上，植物细胞具有再生能力，每当植物整体的完整性受到破坏时，植物细胞会自行分化增殖从而去修补损伤恢复植株的完整性(梁玉堂等，1989；森下义郎等，1988)。扦插繁殖相对于其他无性繁殖而言，具有繁殖工艺简单、成本低，遗传性状保持稳定，育苗快速且开花结实早等优点。21世纪以前，扦插技术仅局限于繁殖容易生根的植物上，如今，人工合成的生长素以及类生长素种类繁多，配方也各式各样，人们对扦插生根的机理有了更深入的了解，自动间歇喷雾系统、精准智控环境因子的温室等设备的出现，使得许多难生根树种在扦插繁殖上变为可行(朴楚炳等，1996；王景章等，1990)。

在木兰科的扦插研究方面，中国比国外起步晚许多，许多发达国家在难生根树种的机理研究以及现代化大型智控温室等技术上已经遥遥领先，并且实现工业化自动生产苗木的大型工厂。但是从20世纪90年代起，中国已经有不少单位开展木兰科植物扦插的研究，在智能温室以及自动喷雾系统上也有较为满意的进展。通过前人的不懈研究，目前我国木兰科中有紫玉兰、马褂木(*Liriodendron chinense*)，以及含笑属中的某些种在扦插研究中取得较高的生根率(何彦峰，2010；黎明等，2003)。其他木兰科植物还需要进一步的研究去突破生根率低的限制。

在红花玉兰的无性系繁殖方面，怀慧明、宁娜娜等通过初步研究得出适宜诱导红花玉兰愈伤组织的基质配方(怀慧明等，2010；宁娜娜等，2018)，但实现组培育苗还需进一步研究。目前红花玉兰品种的无性繁殖方式还是依靠嫁接。红花玉兰嫁接繁殖存活率高，且能够提早开花，但是嫁接红花玉兰的技术要求较高，人工费用较大，因此红花玉兰品种无性系的大量繁殖仍须探索更为便捷更为经济的方式。扦插繁殖是相对而言更为高效经济的无性繁殖方式，但目前有关红花玉兰扦插技术的研究仍未见任何报道，因而开展红花玉兰的扦插技术研究势在必行。

第 *3* 章

红花玉兰嫩枝扦插技术

3.1 扦插繁殖技术概述

扦插繁殖(cutting propagation),指选取植株营养器官的一部分,插入疏松润湿的土壤、细沙或其他基质中,通过对插穗进行处理,控制外界环境的温湿度以及光照,促进插穗基部生根,成为新的根茎兼备、完全独立植株的一种无性繁殖方式。作为无性繁殖的一种重要方式,扦插繁殖具有育苗周期短,可快速成型,开花结实早,所培育出的苗木生长势及抗性较强,有利于保持亲本的优良性状等优点。同时,扦插繁殖可以节省劳力,降低生产费用(刘云强,2004),操作较简单,苗木长势均匀,便于集中化管理,可大幅缩短育种所需的时间,推广时较容易。因此,扦插繁殖具有开阔的应用前景和市场价值。起初,扦插繁殖技术在一些易生根植物的繁殖上应用较多,随着人工合成生长素的研制成功,人工喷雾装置和自控温度、湿度及光照等设备的出现,在扦插繁殖技术上获得了重大突破,许多难生根树种的扦插取得了很大的进展(森下义郎,大山浪雄,1988)。现阶段,关于树木扦插繁殖的研究工作主要集中在两个方面:一方面是集中于提高扦插成活率的技术措施研究,这种研究主要是有针对性地在一些较难生根的树种中展开,此类研究着力于提高生根率。而另一方面较侧重于解剖结构以及生根机理方面的研究,这类研究一般偏向于从理论上揭示不定根发端、发育的机理和过程,这类研究可为扦插繁殖的技术措施提供生理依据(刘明海,2015;张颖,2009)。

扦插繁殖技术研究的主要目的是提高苗木的扦插生根率,影响扦插生根的因素有很多,主要包括采集母树的年龄,枝条的着生部位,插穗的采集部位,插穗的规格(长度、直径等),枝条的木质化程度,生长调节物质的种类、浓度、处理时间、处理方式,扦插基质的种类,温度,湿度,光照强度等。

3.1.1 插穗

插穗,指从植株上获得的带有成熟叶片和健壮叶芽的小段枝条。在制插穗的过程中要注意保留一到两片叶子和饱满的芽,叶片可进行光合作用合成营养物质,调节插穗代谢水平，从而促进插穗生根。但叶片过大容易导致插穗失水过快，丧失生命活力，因此，在制穗时应根据相关树种的生物学特性以及扦插环境来确定留叶方式和叶片大小（王东光，2013）。插穗是扦插的原材料，健康的、有活力的插穗是扦插生根的重要保证。而插穗对生根过程的影响也是多方面的。当枝条在母树上的着生部位不同时，扦插生根情况也有很大差异。宗树斌、鲍荣静对宝华玉兰进行扦插试验发现，枝条的着生部位不同，其距离根系的距离也不同，营养物质的含量也会有所差别，生根能力也不同。插穗本身的规格也会对扦插有所影响，随着插穗直径的增大，生根率、单个插穗生根数和扦插苗的成活率均有所提高（关义军，宁中凯，万燕华，2012）。插穗长度太短，插条本身的营养物质含量太少，不利于生根，而插穗太长，会导致插穗基部透气透水性不好而影响生根（魏建根，2004）。采集插穗的母树年龄对扦插生根的影响很大，研究表明，同一树种、同一品种，插穗生根能力一般随着母树年龄的增长而显著降低（金国庆，2006；李俊南，2013；徐程扬，1998）。随着母树年龄的增加，枝条内部营养物质含量逐渐减少，无法满足扦插生根所需的营养供给，抑制类物质的逐渐积累，也使得生根变得不易。因此，在插穗的选择上应注意合理选择试验材料，充分考虑各个因素，为扦插生根做好保障。

3.1.2　生长调节物质

对于一些难生根的树种，一般都会施用生长调节物质来促进其生根。常用的外源激素有吲哚乙酸（IAA），吲哚丁酸（IBA），α-萘乙酸（NAA）以及中国林业科学研究院自主研发的生根粉（ABT）。施用外源激素处理插穗有助于插穗内部营养物质的再分配，会改变细胞壁的透性，改变其渗透过程，促进物质在插穗基部的根发端区大量聚集，改变插穗的代谢过程，促进插穗生根（Blakesley, Weston & Hall J, 1991；梁玉堂，龙庄茹，1989）。施用外源激素处理枝条，对插穗生根有促进作用，尤其在生根弱的时期，能促进其早生根，增加生根数量，提高生根率，有利于扦插苗的生长和培育壮苗（史晓华，1985）。外源激素的施加浓度不同，对扦插生根情况的作用效果是不同的。宗树斌对宝华玉兰进行了扦插繁殖，结果表明施用 NAA、IBA、IAA 处理均能提高宝华玉兰扦插的生根率，外源激素浓度为200ppm[①] 时的生根率要高于 0 和 400ppm，并且每种激素都有某一特定的浓度范围，使其扦插生根效果达到最佳（宗树斌，鲍荣静，段春玲，2008）。不同种类激素最适宜的处理时间是不同的（关义军，宁中凯，万燕华，2012）。处理时间不同，对插穗的作用程度不同。处理时间过短，未达到预想效果；而处理时间过长，可能会破坏插穗本身的代谢平衡，对生根产生不利作用。因此，在实际操作中，有必要对外源激素处理时间进行探究。

3.1.3　环境条件

扦插环境是插穗扦插生根的必要保证，扦插环境包括基质、光照、温度、湿度。基质是插穗获取营养的重要来源，在扦插过程中还可对插穗起支撑和固定作用。基质可以为插穗提供生长所需的湿度、温度、通气、养分、酸碱度等条件，性能优良的基质是提高扦插成活率的重要保障。最理想的扦插基质应具有良好的保肥性，以及优异的透气透水性。在

---

① 1ppm = 1μg/g

扦插之前还应对基质充分消毒，保证基质无病菌，以防病虫害的危害(王亚玲，2004)。常见的扦插基质有河沙、珍珠岩、蛭石、砾石、草炭土等，不同的基质通气透水性能不同，将不同种基质混合使用有时可以达到更好的生根效果(王亚玲，2004；魏建根，2004)。适当的光照有利于植株的形态建成，光照对扦插的影响是多重的，光照可直接被叶片吸收，进行光合作用合成营养物质，也可以调节空气的温度及湿度，间接地对扦插产生影响。在嫩枝扦插中，适宜的光照可以使叶片生成生根所需的激素和少量的营养物质，促进生根成活(Palanisamy & Kumar，1997)。在实际的扦插过程中，光照应控制在合理的范围内，夏季光照过强时，应做好遮阴工作。温度包括环境温度和基质的温度，环境温度对插穗的蒸发失水作用比较明显，而插壤的温度则更多地作用于插穗的生根过程。扦插技术对温度的要求比较严格。在对玉兰科植物进行扦插试验时发现，不同的温湿度条件下，玉兰生根情况不同，玉兰科树种扦插生根对温湿度的要求比较高，一般需要高温高湿的条件才能生根(高艳鹏，张善红，2001；赵杰，赵广杰，2004)。一般要求环境温度与插壤温度不能相差太大且应保持在某一适宜水平(刘道敏，吴岳，2008)。当两者温度均过高时，插穗上部呼吸作用较强，插穗失水过多，容易造成插穗自身营养物质不足，且温度过高易导致病虫害感染，不利于生根。温度过低时，插穗的生长代谢受到抑制，同样无法产生健康的根系。湿度包括环境湿度与基质湿度，扦插前，空气湿度必须保持在80%以上，以免插穗失水过多。基质的湿度不易过高，基质湿度过高易导致插穗基部呼吸不畅，造成烂根的现象。生产中较多的采用自动控制的间歇性喷雾装置，这有利于插穗叶片表面保持湿润，同时，又不至于使得基质的湿度过高，这一措施极大地促进了扦插生根率的提高。

3.2 研究方法

3.2.1 试验地概况

试验于北京林业大学鹫峰试验基地森林培育学科温室内开展，该地点位于北京市海淀区，北纬 $39°53′\sim40°09′$，东经 $116°03′\sim116°23′$，为典型的北温带半湿润季风气候，夏季高温多雨，冬季寒冷干燥，全年无霜期 $180\sim200d$，年平均气温为 $12.6℃$ 左右，年平均降水量为 $620.6mm$ 左右。

3.2.2 扦插步骤

以健壮、长势良好、无病虫害 $5\sim6$ 年生红花玉兰实生苗为采穗母树截取插穗，五月底时，实生苗的当年生枝条呈现半木质化状态，叶片状态良好，且叶芽饱满，此时即可采集制穗，进行扦插。

扦插前的准备：提前砌好长 6m、宽 1.5m、高 15cm 的插床，并在插床上部搭建 1m 高的拱棚，沿着棚顶用软管铺设自动定时喷淋装置。选用河沙作为扦插基质，扦插前 $2\sim3d$ 用浓度为 0.2% 的高锰酸钾溶液对基质进行充分消毒；并将基质喷湿，摊平备用。

插穗的采集与制备：2018 年 5 月 23 日，阴天。选取健壮、长势良好、无病虫害的 6 年生红花玉兰实生苗作为采穗母树，采集当年生半木质化枝条，用枝剪截取枝条中上部制穗，每枝插穗长 $12\sim15cm$，留 $2\sim3$ 片半叶，并留 $2\sim3$ 个饱满芽，上下切口均为平切，保证切口平滑，防止切口处腐烂。

插穗消毒：配制好多菌灵 800 倍液，将剪好的插穗全部浸入其中，浸泡 1min。

插穗浸泡：将消毒后的插穗成梱摆放整齐，注意分清插穗的形态学上下端，将成梱插穗的基部浸入 NAA1000mg/L 的溶液中，保证每枝插穗基部均可浸泡到生根剂，同时保证插穗的叶片不能沾到生根剂，在生根剂中浸泡 6h 后，即可完成对插穗的处理。

扦插：扦插前将基质摊平，浇透水，保持基质松软湿润，并提前用比插穗直径稍宽的打孔器在插床上等间距地制备插孔，以防止磨损插穗基部，孔深 4~6cm。扦插时保持叶片的朝向一致。扦插深度为 5cm，扦插后用手压实基质，使插壤与插穗基部密切接触，并立即用水淋透基质。

扦插后管理：扦插后每隔 7d 用多菌灵 800 倍液消毒 1 次，定期检查插床上是否长有杂草以及病虫害并采取相应措施预防和控制，根据天气情况合理设置喷雾时间间隔，保证扦插苗床不缺水也不积水，叶片表面形成一层水膜。同时要做好遮阴措施。控制棚内温度为 19~29℃，空气相对含水率为 85%~100%，土壤温度为 21~29℃。

3.2.3 试验设计

3.2.3.1 不同种类、不同浓度生长激素对红花玉兰嫩枝扦插生根的影响

设置双因素完全随机区组试验，比较不同生长调节剂种类及浓度对红花玉兰嫩枝扦插生根的影响。生长调节物质选用了 GGR$_6$（双吉尔六号）、NAA（萘乙酸）、IBA（吲哚丁酸）、IAA（吲哚乙酸）4 种，浓度（mg/L）设置了 200、500、800、1000、2000、3000 6 个梯度，并设置清水对照，共 25 个处理，每处理 30 株插穗，重复 3 次。

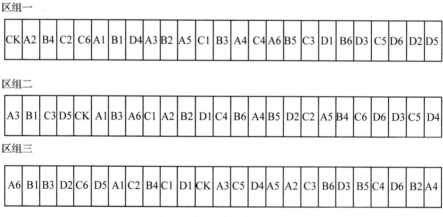

图 3-1 试验的苗床布设图

注：图中 A~D 代表不同的生长调节剂种类。A 表示 GGR$_6$，B 表示 NAA，C 表示 IBA，D 表示 IAA。1~6 代表不同的生长调节剂浓度：1 表示 200mg/L，2 表示 500mg/L，3 表示 800mg/L，4 表示 1000mg/L，5 表示 2000mg/L，6 表示 3000mg/L。即 A1 表示 GGR$_6$ 200mg/L，依此类推。CK 表示清水对照。

3.2.3.2 不同生长激素混合使用对红花玉兰嫩枝扦插生根的影响

设计单因素完全随机试验，比较不同激素配比对红花玉兰扦插生根的影响。将红花玉

兰插穗分别在 1000mg/L 的 NAA、IBA、NAA∶IBA（1∶1）、NAA∶IBA（1∶2）、NAA∶IBA（2∶1）溶液中浸泡 2h，设置清水对照，共 6 个处理，每处理扦插 30 株插穗，重复 3 次。

表 3-1　激素配比

处理	激素配比	激素含量
CK	蒸馏水	0
T1	NAA∶IBA（1∶0）	NAA 1000mg/L
T2	NAA∶IBA（0∶1）	IBA 1000mg/L
T3	NAA∶IBA（1∶1）	NAA 500mg/L + IBA 500mg/L
T4	NAA∶IBA（1∶2）	NAA 333.3mg/L + IBA 666.7mg/L
T5	NAA∶IBA（2∶1）	NAA 666.7mg/L + IBA 333.3mg/L

3.2.3.3　不同处理时间对红花玉兰嫩枝扦插生根的影响

设计单因素完全随机试验，比较不同处理时间对红花玉兰扦插生根的影响。将红花玉兰插穗在 GGR_6 800mg/L 溶液中分别浸泡 15s、60s、120s、2h、4h、6h、12h、18h，共 8 个处理，每处理扦插 30 株插穗，重复 3 次。

3.2.3.4　扦插过程中追施营养物质对红花玉兰扦插生根的影响

设计单因素完全随机试验，比较追施营养物质对红花玉兰扦插生根的影响。将红花玉兰插穗在 GGR_6 800mg/L 溶液中浸泡 2h，分别设置不追施，每隔 7d 追施和每隔 15d 追施 3 个处理，每处理扦插 30 株插穗，重复 3 次。

3.2.3.5　不同扦插时期对红花玉兰嫩枝扦插生根的影响

设计单因素完全随机试验，比较不同扦插时期对红花玉兰扦插生根的影响。分别选取 5 月下旬、6 月下旬以及 7 月下旬采集插穗，在 NAA 1000mg/L 溶液中浸泡 2h，共 3 个处理，每处理扦插 30 株插穗，重复 3 次。

3.2.3.6　不同插穗采集部位对红花玉兰嫩枝扦插生根的影响

设计单因素完全随机试验，比较不同采集部位对红花玉兰扦插生根的影响。选取树体上部、树体中部以及树体下部采集插穗，在 NAA 1000mg/L 溶液中浸泡 2h，共 3 个处理，每处理扦插 30 株插穗，重复 3 次。

3.2.3.7　生根情况统计

生根情况统计：扦插后持续观察插穗基部的生长情况，扦插 80 天后统计各处理的生根率，每枝插穗的生根数量、平均根长、平均根直径，以及各处理的生根性状评分率。长度精确到 0.01cm，直径精确到 0.01mm。

$$每处理的生根率 = \frac{生根插穗数}{插穗总数} \times 100\% \qquad (3-1)$$

插穗的生根性状评分：将扦插所生根系分为三个等级，分别评定为1，2，3分。将插穗基部一级根数少于3个，无二级根，根系较单一不发达的，评定为1分；将插穗基部一级根数多于3个，有二级根系，根系分布较为均匀，粗细适中的，评定为2分；将插穗基部根系发育较为完善，侧根级数较多，对根系周围的基质有很好固定作用的评定为3分。评分时3人一起对根系进行综合评分，最后计算三者均值作为每枝插穗的最终分值。

$$每处理的生根性状评分率 = \frac{N_1 + N_2 \times 2 + N_3 \times 3}{(N_1 + N_2 + N_3) \times 3} \times 100\% \qquad (3-2)$$

其中：N_1 为根系评分为1分的扦插苗数量；N_2 为根系评分为2分的扦插苗数量；N_3 为根系评分为3分的扦插苗数量。

评分示例如图3-2所示。

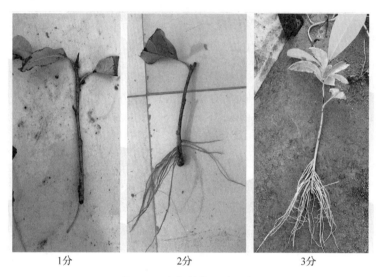

1分　　　　　　　　2分　　　　　　　　3分

图3-2　生根性状评分示例

3.2.3.8　数据分析

本试验中百分率数据均先开方后进行反正弦转换，数据的基本计算、方差分析、多重比较及主成分分析采用 Microsoft Excel 2010 和 SPSS 20.0 进行，Duncan 法进行多重比较，使用 Sigmaplot 12.5 作图。

3.3　不同种类、不同浓度生长激素对嫩枝扦插生根的影响

3.3.1　不同激素处理扦插生根率比较

(1)不同激素种类对红花玉兰嫩枝扦插生根率的影响

将4种激素处理的生根率进行调查统计及方差分析，结果见表3-2。表3-2表明：4种激素中，应用 NAA 处理插穗时，生根率最高(平均为35.7%)，除与 IBA 处理(平均为29.1%)差异不显著外，与 IAA(平均为12.8%)、GGR_6(平均为11.5%)及清水对照组(平

均为 3.3%)均存在极显著差异。

表 3-2　不同种类激素对红花玉兰嫩枝扦插生根率的影响

种类	平均生根率(%)
NAA	35.7±12.56Bb
IBA	29.1±5.53Bb
GGR_6	11.5±4.99Aa
IAA	12.8±4.29Aa
CK	3.3±0.00Aa

注:表中数据均为 3 次重复的均值。

（2）不同激素浓度对红花玉兰嫩枝扦插生根率的影响

将 4 种激素、6 个不同浓度的生根率进行调查统计及方差分析，结果见表 3-3。6 种不同浓度的 NAA 溶液处理插穗，其变化趋势比较明显，在 1000mg/L 以下浓度中，随着浓度升高，其生根率逐渐增大，到 1000mg/L 时达到最大，为 53.3%，之后随着浓度的继续上升，生根率逐渐下降；6 种不同浓度中，1000mg/L 的处理与其他浓度间均存在显著差异；3000mg/L 处理生根率最低，为 11.1%，仅相当于最高生根率的 1/5。激素 IBA 处理的生根率仅次于 NAA，并呈现出一定的规律性，6 种浓度中，其生根率的峰值为 800mg/L 时的 37.8%，低于同浓度下使用激素 NAA 处理的 46.7%。应用激素 GGR_6 及 IAA 处理插穗，6 个不同浓度处理的生根率普遍较低，其最高点 GGR_6 800mg/L(平均为 20%)与 IAA1000mg/L(平均为 21.1%)的生根率，尚未达到 NAA 1000mg/L 处理时生根率的 50%。因此，GGR_6 与 IAA 处理对红花玉兰嫩枝扦插生根率的促进效果不及 NAA 处理。综合来看，4 种激素中，NAA 对红花玉兰嫩枝扦插生根率的促进效果最好，并以其 1000mg/L 浓度处理时生根率最大。

表 3-3　不同激素浓度对红花玉兰嫩枝扦插生根率的影响　　　　　　　　　%

激素	200mg/L	500mg/L	800mg/L	1000mg/L	2000mg/L	3000mg/L
NAA	36.7±5.44b	40.0±4.16b	46.7±2.72b	53.3±7.20a	34.4±4.16b	11.1±1.57c
IBA	23.3±2.72c	26.7±2.72bc	37.8±3.14a	33.3±4.71ab	31.1±4.16ab	22.2±1.57c
IAA	8.9±4.16Bb	8.9±1.57Bb	13.3±2.72ABb	21.1±3.14Aa	14.4±1.57ABb	10.0±2.72Bb
GGR_6	14.4±1.57b	5.6±1.57c	20.0±2.72a	6.7±2.72c	8.9±1.57c	13.3±2.72b

注:表中数据均为 3 次重复的均值，同列数据后不同小写字母表示在 $P<0.05$ 水平差异显著，不同大写字母表示在 $P<0.01$ 水平差异显著，下同。

3.3.2　不同激素处理根系形态比较

3.3.2.1　不同激素种类对红花玉兰嫩枝扦插各根系形态指标的影响

对 4 种外源激素处理的根系形态指标进行整理及分析，结果见表 3-4。表 3-4 表明，激素种类对扦插生根各指标的影响均达到了显著水平。

（1）平均生根数量

综合比较平均生根数量发现，使用激素 NAA 处理的平均生根数量(平均为 9.8 条)极显著地高于 IAA(平均为 3.1 条)、GGR$_6$(平均为 1.8 条)、清水对照组(平均为 1.3 条),显著高于 IBA 处理(平均为 4.8 条),因此 NAA 处理对红花玉兰嫩枝扦插生根数量的促进作用要优于其他几种激素。

(2)平均根长

分析平均根长可得,NAA、IBA、IAA 对红花玉兰扦插生根平均根长有显著的促进作用,其中表现最好的为 IAA 处理(平均为 12.34cm),极显著高于清水对照组(平均为 5.3cm),约为其 2.3 倍,但 NAA、IBA、IAA 3 种激素对平均根长的促进作用间的差异并不显著,使用激素 NAA 与 IBA 处理插穗亦表现较好。

(3)平均根直径

平均根直径中,使用 NAA 与 GGR$_6$ 的效果显著优于 IBA、IAA 以及清水对照组,效果最佳的为 NAA 处理(平均为 2.10mm),相比清水对照组(平均为 1.84mm)增粗了 15.2%,显著促进了扦插根系根直径的生长。

(4)生根性状评分率

生根性状评分率中,NAA 处理(平均为 53.2%)的生根效果显著高于 IBA 与 IAA 处理,并与 GGR$_6$、清水对照组存在极显著差异,比清水对照组(平均为 33.3%)提高了 37.4%。

综合来看,使用外源激素 NAA 处理插穗生根效果最好,有利于促进红花玉兰嫩枝生成完整、强壮且形态优良的根系。

表 3-4 不同激素种类对红花玉兰嫩枝扦插各根系形态指标的影响

激素	平均生根数量(条)	平均根长(cm)	平均根直径(mm)	生根性状评分率(%)
NAA	9.8±3.64Bb	10.64±2.00ABb	2.10±0.17b	53.2±11.03Bc
IBA	4.8±1.17ABa	10.01±0.94ABb	1.84±0.12a	45.3±4.90ABb
IAA	3.1±0.16Aa	12.34±3.13Bb	1.86±0.18a	46.6±4.40Bb
GGR$_6$	1.8±0.55Aa	7.41±2.15Aa	2.00±0.28b	36.3±3.82Aa
CK	1.3±1.24Aa	5.30±0.28Aa	1.84±0.07a	33.3±0.00Aa

3.3.2.2 不同激素浓度对红花玉兰嫩枝扦插各根系形态指标的影响

(1)平均生根数量

在平均生根数量方面(图 3-3,a),以 NAA 处理总体表现最好,多集中于 8~14 条的范围内,显著高于另外 3 种激素,随着 NAA 溶液浓度的增大,平均生根数量呈现出先上升后下降的变化趋势,最高值出现在 800mg/L 与 1000mg/L 浓度时,为 13.3 条,比清水对照(平均为 1.3 条)提高了 90.0%。其他 3 种激素的生根数量较少,仅 IBA500mg/L(平均为 6.4 条)与 800mg/L(平均为 6.5 条)时较好,但仍低于同浓度下 NAA 的处理(平均为 10.7 条与 13.3 条),其他处理的生根数量多集中在 0~4 条的范围内,与清水对照组无显著差异($P>0.05$),对生根数量几乎没有促进作用。因此,4 种激素中,NAA 处理对红花玉兰嫩枝扦插生根数量的促进作用最好,且当浓度为 800mg/L 与 1000mg/L 时,平均生根数量最多。

(2)平均根长

4 种激素对平均根长均有一定的促进作用(图 3-3,b)。IAA 200mg/L 对根长生长促进效果最好，平均根长 15.58cm，亦为所有处理中最高，除去 500mg/L（平均为 7.05cm）与清水对照组（平均为 5.30cm）外，其他几个浓度间无显著差异。NAA 处理的平均根长呈现为先上升后下降的趋势，最大值为 1000mg/L 时（平均为 14.33cm），与其他浓度存在显著差异，略低于 IAA 处理的最高值 15.58cm。IBA 对根长的促进效果较稳定，均在 9~11cm 的范围内波动，各浓度间无显著差异。GGR_6 对平均根长的促进效果较差，仅 800mg/L（平均为 10.50cm）与 1000mg/L（平均为 9.34cm）显著高于清水对照组（平均为 5.30cm），但仍低于同浓度下其他 3 种激素。因此，4 种激素对红花玉兰嫩枝扦插根长的促进效果依次为：IAA>NAA>IBA>GGR_6，IAA 200mg/L 与 NAA1000mg/L 时促进效果较好。

（3）平均根直径

分析不同激素处理对平均根直径的影响（图 3-3，c）。4 种激素中，NAA 和 GGR_6 的促进效果较好，IBA 和 IAA 促进效果较差。所有处理中，应用 NAA 1000mg/L 溶液处理插穗时平均根直径最粗，为 2.44mm，比清水对照（平均为 1.84mm）增粗 24.6%，且显著高于 NAA 其他 5 个浓度。GGR_6 6 个浓度间平均根直径的差异不显著，多集中在 1.8~2.2mm 的范围内，且其促进作用总体上不及 NAA。IBA、IAA 对扦插根系根直径生长的促进较差，与清水对照组（平均为 1.84mm）无显著差异。

（4）生根性状评分率

对比分析不同浓度激素处理生根性状评分率（图 3-3，d）。NAA 处理生根性状评分率

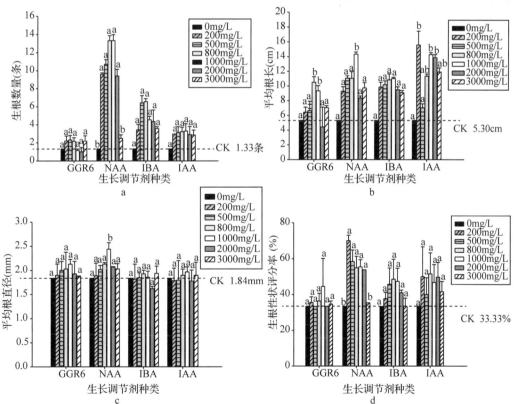

图 3-3　不同激素浓度对红花玉兰扦插生根各根系形态指标的影响

注：a. 平均生根数量；b. 平均根长；c. 平均根直径；d. 生根性状评分率

最好，其生根性状评分率随浓度变化趋势明显，最大值为200mg/L浓度时的70.1%，随着浓度升高，生根性状评分率逐渐降低，除3000mg/L(平均为33.3%)外，其他5个浓度间无显著差异，在53.9%~70.1%范围内波动。IAA处理整体生根性状评分率表现也较好，多集中于40%~51.6%，不同浓度间虽无显著差异，但各个浓度的标准误太大，对根系性状的促进作用不稳定。IBA对生根性状评分率的影响呈现为先上升后下降的趋势，最大值为800mg/L时48.6%，低于同浓度下NAA处理(平均为54.9%)，故其促进效果不及NAA。使用GGR$_6$ 6个不同浓度处理时，1000mg/L时表现最佳，为44.4%，但仍低于同浓度下NAA处理(平均为55.4%)，其他5个浓度对生根效果促进作用较差，与清水对照组(平均为33.3%)无显著差异。

3.3.3 各处理根系指标的主成分分析及综合排名

将所有处理的5个指标进行主成分分析(所有数据已使用SPSS进行了z-score标准化)，各成分的方差及方差累积贡献率见表3-5，SPSS提取了2个特征值大于1的主成分，所提取的两个主成分方差的累积贡献率为80.5%。

表3-5 各成分的方差及方差累积贡献率

成分	初始特征值			提取平方和载入		
	合计	方差(%)	累积(%)	合计	方差(%)	累积(%)
1	2.969	59.381	59.381	2.969	59.381	59.381
2	1.057	21.140	80.521	1.057	21.140	80.521
3	0.707	14.139	94.660			
4	0.212	4.244	98.900			
5	0.055	1.105	100.000			

整理两个主成分表达式及综合得分公式如下：

$$C_1 = 0.896X_1 + 0.946X_2 + 0.507X_3 + 0.557X_4 + 0.838X_5 \qquad (3-3)$$

$$C_2 = -0.137X_1 - 0.182X_2 + 0.709X_3 - 0.567X_4 + 0.300X_5 \qquad (3-4)$$

$$C = \frac{\lambda_1 C_1 + \lambda_2 C_2}{\lambda_1 + \lambda_2} \qquad (3-5)$$

其中：C_1表示主成分1得分；C_2表示主成分2得分；C表示综合得分；X_1到X_5分别表示扦插平均生根率、平均生根数量、平均根长、平均根直径、生根性状评分率这5个指标；λ_1、λ_2分别表示主成分1、主成分2的方差，由表3-6知，$\lambda_1 = 59.381$，$\lambda_2 = 21.140$。

将各处理的5个指标值代入式(3-3)~式(3-5)，整理各处理的得分及排名见表3-6。由综合排名可知，4种激素中，应用激素NAA处理红花玉兰插穗整体效果较好，尤以浓度1000mg/L，综合得分最高，生根效果最好。

表 3-6　各处理的主成分得分及综合得分

处理	C_1	C_2	C	综合排名
NAA−1000mg/L	7.6007	−1.1348	5.3073	1
NAA−800mg/L	5.4416	−0.7994	3.8031	2
NAA−500mg/L	4.2551	−0.0960	3.1127	3
NAA−200mg/L	3.9991	0.3809	3.0492	4
NAA−2000mg/L	2.8425	−0.9749	1.8403	5
IBA−800mg/L	1.8230	0.0869	1.3672	6
IAA−1000mg/L	0.7514	1.4337	0.9306	7
IBA−1000mg/L	0.6982	0.4876	0.6429	8
IBA−500mg/L	0.4153	0.2412	0.3696	9
IAA−200mg/L	−0.5008	2.2929	0.2326	10
IAA−2000mg/L	−0.5260	1.8357	0.0940	11
IAA−800mg/L	−0.3827	0.8254	−0.0655	12
IBA−2000mg/L	−1.1775	0.7974	−0.6590	13
IAA−3000mg/L	−1.4803	0.7044	−0.9068	14
GGR_6−800mg/L	−1.2546	−0.3446	−1.0157	15
IBA−200mg/L	−1.4484	0.1878	−1.0188	16
GGR_6−1000mg/L	−1.5388	−0.5556	−1.2807	17
IBA−3000mg/L	−1.5829	−0.5605	−1.3145	18
NAA−3000mg/L	−1.9831	−0.4976	−1.5931	19
IAA−500mg/L	−2.8438	−0.2114	−2.1527	20
GGR_6−200mg/L	−2.8649	−0.8702	−2.3412	21
GGR_6−3000mg/L	−3.0278	−0.6327	−2.3990	22
GGR_6−500mg/L	−3.2235	−1.1616	−2.6822	23
GGR_6−2000mg/L	−3.9914	−1.4346	−3.3202	24

3.4　不同种类生长激素混合使用对红花玉兰嫩枝扦插生根的影响

3.4.1　不同种类生长激素混合使用扦插生根率的比较

不同激素配比生根率见表 3-7，5 种激素配比对红花玉兰嫩枝扦插生根均有极显著促进作用，应用 NAA：IBA(2：1)溶液处理插穗时生根率最高，为 71.1%，极显著高于其他 5 个处理，约为空白对照的 16 倍，比 NAA：IBA(1：0)处理高出 20%，对红花玉兰嫩枝扦插生根具有显著的促进作用。

表 3-7　不同激素配比对红花玉兰嫩枝扦插生根率的影响

激素配比	平均生根率(%)	标准误	5%显著水平	1%显著水平
CK	4.4	0.47	a	A
NAA∶IBA(1∶0)	51.1	0.47	d	D
NAA∶IBA(0∶1)	35.6	1.25	b	B
NAA∶IBA(1∶1)	38.9	0.94	b	BC
NAA∶IBA(1∶2)	45.6	0.47	c	CD
NAA∶IBA(2∶1)	71.1	0.47	e	E

3.4.2　不同种类生长激素混合使用扦插根系形态的比较

扦插生根各形态指标见表 3-8，应用 NAA∶IBA(2∶1)、(1∶0)处理插穗时，每枝插穗的平均生根数量极显著高于空白对照组，促进生根效果最好，而应用 NAA∶IBA(0∶1)、(1∶1)处理插穗，生根数量与空白对照组无显著差异，表明其对扦插生根数量无促进作用，应用 NAA∶IBA(1∶2)处理插穗，其生根数量与空白对照存在显著差异，但无极显著差异。5 种配比的激素均对平均根长有显著的促进作用，其中对根长促进效果最好的是 NAA∶IBA(1∶0)处理，为 12.09cm，极显著高于空白对照组，约为其 2.2 倍，对根长促进效果最差的为 NAA∶IBA(2∶1)处理，但仍存在显著高于清水对照组，约为其 1.5 倍。NAA∶IBA(2∶1)处理对平均根直径及生根性状评分率的促进效果均为最好，极显著高于空白对照组。由各根系指标综合分析可知，生根率最高的 NAA∶IBA(2∶1)处理，在各方面表现均较好，对红花玉兰嫩枝扦插生根有良好的促进作用。

表 3-8　不同激素配比对红花玉兰嫩枝扦插各根系形态指标的影响

激素配比	平均生根数量(条)	平均根长(cm)	平均根直径(mm)	生根性状评分率(%)
CK	1.67±0.47Aa	5.50±0.39Aa	1.75±0.17Aa	33.33±0.00Aa
NAA∶IBA(1∶0)	11.34±0.18Cc	12.09±0.09Cc	2.34±0.30BCcd	52.14±3.02ABab
NAA∶IBA(0∶1)	5.11±0.11ABab	10.44±0.17BCbc	1.98±0.07ABab	59.52±7.01ABbc
NAA∶IBA(1∶1)	4.13±0.09Aab	9.90±0.58BCbc	2.45±0.02Ccd	54.38±3.20ABab
NAA∶IBA(1∶2)	6.36±0.10ABCb	9.41±0.30ABCb	2.23±0.03BCbc	62.59±2.92ABbc
NAA∶IBA(2∶1)	10.10±0.09BCc	8.19±0.22ABb	2.47±0.04Ccd	74.21±2.56Bc

3.4.3　各处理根系指标的主成分分析及综合排名

将所有处理的 5 个指标进行主成分分析(所有数据已使用 SPSS 进行了 z-score 标准化)，各成分的方差及方差累积贡献率见表 3-9，SPSS 提取了 1 个特征值大于 1 的主成分，所提取的主成分方差的累积贡献率为 72.39%。

表 3-9　各成分的方差及方差累积贡献率

成分	初始特征值			提取平方和载入		
	合计	方差(%)	累积(%)	合计	方差(%)	累积(%)
1	3.619	72.386	72.386	3.619	72.386	72.386
2	0.693	13.864	86.250			
3	0.407	8.141	94.392			
4	0.280	5.605	99.997			
5	0.000	0.003	100.000			

整理主成分表达式及综合得分公式如下：

$$C = 0.975X_1 + 0.871X_2 + 0.686X_3 + 0.841X_4 + 0.856X_5 \qquad (3-6)$$

其中：C 表示主成分得分；$X_1 \sim X_5$ 分别表示扦插平均生根率、平均生根数量、平均根长、平均根粗、生根性状评分率这 5 个指标。

将各处理的 5 个指标值代入式(3-6)，整理各处理的得分及排名见表 3-10。由综合排名可知，4 种激素中，应用 NAA、IBA 激素混合使用处理红花玉兰插穗整体效果较好，尤其以激素配比 2∶1 综合得分最高，生根效果最好。

表 3-10　各处理的主成分得分及综合得分

处理	C	综合排名
NAA∶IBA(2∶1)	3.712	1
NAA∶IBA(1∶0)	2.558	2
NAA∶IBA(1∶2)	0.667	3
NAA∶IBA(1∶1)	0.354	4
NAA∶IBA(0∶1)	−0.64	5
CK	−6.65	6

3.5　不同处理时间对红花玉兰嫩枝扦插生根的影响

3.5.1　不同处理时间扦插生根率的比较

由表 3-11 可知，随着插穗浸泡时间的延长，扦插生根率呈现为先升高后降低的趋势，当处理时间为 2h 时，红花玉兰扦插生根率最高，为 26.67%，与其他处理时间存在极显著差异，为最低生根率(浸泡时间为 15s 时)的 6 倍。

表 3-11　不同处理时间对红花玉兰嫩枝扦插生根率的影响

处理时间	平均生根率(%)	标准误	5%显著水平	1%显著水平
15s	4.44	0.47	a	A
60s	6.67	0	ab	A
120s	7.78	0.47	b	A

处理时间	平均生根率(%)	标准误	5%显著水平	1%显著水平
2h	26.67	0	e	C
4h	17.78	0.02	d	B
6h	17.78	0.47	d	B
12h	16.67	0	d	B
18h	13.33	0.03	c	B

3.5.2 不同处理时间扦插根系形态的比较

由表3-12可知，当浸泡时间为2h时，每枝插穗的平均生根数量极显著地高于其他处理，促进生根效果最好。对平均根长促进效果较好的是浸泡2h与4h的处理，两者无显著差异，其中浸泡2h效果最好，比4h高1.94cm，约为18h的2.85倍。平均根直径浸泡2h最高，为2.51mm，但与浸泡4h、12h、18h无显著差异。生根性状评分率以浸泡2h最好，为64.81%，除与浸泡4h无显著差异外，相比于其他处理时间促进效果显著。

表 3-12 不同处理时间对红花玉兰嫩枝扦插各根系形态指标的影响

处理时间	平均生根数量(条)	平均根长(cm)	平均根直径(mm)	生根性状评分率(%)
15s	1.22±0.04Aa	9.61±0.36BCb	2.11±0.04ABab	38.73±3.99ABa
60s	1.44±0.42Aab	7.12±0.49ABa	2.16±0.05ABab	42.96±9.31ABab
120s	1.39±0.28Ab	6.27±0.02Aa	1.92±0.04Aa	41.67±6.80ABa
2h	2.69±0.66Ce	15.09±0.21Dc	2.51±0.02Bc	64.81±2.62Cc
4h	2.35±0.14Bd	13.15±0.44CDc	2.31±0.01ABbc	56.94±1.96BCbc
6h	2.01±0.15 Bd	7.40±0.31ABa	2.12±0.07ABab	37.04±5.24ABa
12h	1.00±0.81 Bd	5.8±0.33Aa	2.25±0.10ABabc	33.33±0.00Aa
18h	1.66±0.12Bc	5.3±0.27Aa	2.22±0.06ABabc	37.04±5.24ABa

3.5.3 各处理根系指标的主成分分析及综合排名

将所有处理的5个指标进行主成分分析(所有数据已使用SPSS进行了z-score标准化)，各成分的方差及方差累积贡献率见表3-13，SPSS提取了2个特征值大于1的主成分，所提取的两个主成分方差的累积贡献率为88.22%。

表 3-13 各成分的方差及方差累积贡献率

成分	初始特征值			提取平方和载入		
	合计	方差(%)	累积(%)	合计	方差(%)	累积(%)
1	3.424	68.470	68.470	3.424	68.470	68.470
2	0.987	19.746	88.216	0.987	19.746	88.216
3	0.398	7.953	96.168			
4	0.177	3.549	99.718			
5	0.014	0.282	100.000			

整理两个主成分表达式及综合得分公式如下：

$$C_1 = 0.402X_1 + 0.884X_2 + 0.963X_3 + 0.826X_4 + 0.933X_5 \qquad (3-7)$$

$$C_2 = 0.909X_1 - 0.301X_2 + 0.115X_3 + 0.015X_4 - 0.238X_5 \qquad (3-8)$$

$$C = \frac{\lambda_1 C_1 + \lambda_2 C_2}{\lambda_1 + \lambda_2} \qquad (3-9)$$

式中：C_1 表示主成分 1 得分；C_2 表示主成分 2 得分；C 表示综合得分；$X_1 \sim X_5$ 分别表示扦插平均生根率、平均生根数量、平均根长、平均根粗、生根性状评分率这 5 个指标；λ_1、λ_2 分别表示主成分 1、主成分 2 的方差。

由表 3-13 可知，$\lambda_1 = 68.470$，$\lambda_2 = 19.746$。

将各处理的 5 个指标值代入式(3-7)~式(3-9)，整理各处理的得分及排名见表 3-14。由综合排名可知，当插穗的浸泡时间为 2h 时，扦插生根效果较好。

表 3-14　各处理的主成分得分及综合得分

处理时间	C_1	C_2	C	综合排名
2h	6.7142	-0.0644	5.4351	1
4h	3.7522	-0.4505	3.1362	2
15s	-0.6101	2.1871	-0.2497	3
6h	-0.8919	-0.0455	-0.4684	4
18h	-1.6004	-0.9473	-1.0184	5
60s	-1.6656	-0.2982	-1.0690	6
12h	-2.5875	0.4296	-1.7845	7
120s	-3.1108	-0.8109	-2.1907	8

3.6　扦插过程中追施营养物质对红花玉兰嫩枝扦插生根的影响

3.6.1　追施营养物质对扦插生根率的影响

由表 3-15 可知，每隔 7d 追施一次营养物质生根率最高，为 18.9%，与扦插过程中不追施营养物质(生根率为 14.4%)无显著差异。

表 3-15　追施营养物质对红花玉兰嫩枝扦插生根率的影响

营养物质追施	平均生根率(%)	标准误	5%显著水平	1%显著水平
不追施	14.4	0.94	b	B
每隔 7d 追施	18.9	0.47	b	B
每隔 15d 追施	4.4	0.47	a	A

3.6.2　追施营养物质对根系形态的影响

由表 3-16 可知，每隔 15d 追施一次营养物质生根数量最多，为 5.3 条，与其他两个处理存在极显著区别，对扦插生根数量的促进效果最好。每隔 7d 追施一次营养物质与不追施营养物质对扦插生根数量的促进作用无显著差异。平均根长最长的为每隔 7d 追施的处理，与其他两个处理存在显著差异。每隔 15d 追施一次营养物质，扦插根系的平均根直径表现最好，为 2.38mm，与其他两个处理存在显著差异。生根性状评分率为每隔 7d 追施一次表现最好，但与其它两个处理无显著差异。

表 3-16   追施营养物质对红花玉兰嫩枝扦插各根系形态指标的影响

营养物质追施	平均生根数量（条）	平均根长（cm）	平均根直径（mm）	生根性状评分率（%）
不追施	1.3±0.47Aa	4.66±0.48Aa	1.90±0.05a	33.3±0.00a
每隔 7d 追施	2.3±0.47Aa	6.9±0.22Bb	1.94±0.07a	37.78±6.29a
每隔 15d 追施	5.3±0.47Bb	4.87±0.12Aa	2.38±0.24b	33.3±0.00a

3.6.3   各处理根系指标的主成分分析及综合排名

将所有处理的 5 个指标进行主成分分析（所有数据已使用 SPSS 进行了 z-score 标准化），各成分的方差及方差累积贡献率见表 3-17，SPSS 提取了 2 个特征值大于 1 的主成分，所提取的两个主成分方差的累积贡献率为 100%。

表 3-17   各成分的方差及方差累积贡献率

成分	初始特征值			提取平方和载入		
	合计	方差（%）	累积（%）	合计	方差（%）	累积（%）
1	3.613	72.255	72.255	3.613	72.255	72.255
2	1.387	27.745	100.000	1.387	27.745	100.000
3	—	—	—			
4	—	—	—			
5	—	—	—			

整理两个主成分表达式及综合得分公式如下：

$$C_1 = 0.996X_1 - 0.801X_2 + 0.744X_3 - 0.889X_4 + 0.798X_5 \qquad (3-10)$$

$$C_2 = -0.092X_1 + 0.599X_2 + 0.668X_3 + 0.458X_4 + 0.603X_5 \qquad (3-11)$$

$$C = \frac{\lambda_1 C_1 + \lambda_2 C_2}{\lambda_1 + \lambda_2} \qquad (3-12)$$

式中：C_1 表示主成分 1 得分；C_2 表示主成分 2 得分；C 表示综合得分；$X_1 \sim X_5$ 分别表示扦插平均生根率、平均生根数量、平均根长、平均根粗、生根性状评分率这 5 个指标；λ_1、λ_2 分别表示主成分 1、主成分 2 的方差。

由表 3-17 知，$\lambda_1 = 72.255$，$\lambda_2 = 27.745$。

将各处理的 5 个指标值代入式（3-10）~式（3-12），整理各处理的得分及排名见表 3-18。由综合排名可知，每隔 7d 追施一次营养物质对扦插生根的促进效果最好。

表 3-18 各处理的主成分得分及综合得分

表 3-18 各处理的主成分得分及综合得分

营养物质追施	C_1	C_2	C	综合排名
每隔 7d 追施	3.3290	0.9652	2.6731	1
不追施	0.5140	−1.5895	−0.0696	2
每隔 15d 追施	−3.8430	0.6243	−2.6036	3

3.7 不同扦插时期对红花玉兰嫩枝扦插生根的影响

3.7.1 不同扦插时期生根率的比较

由表 3-19 可知，五月下旬时采集枝条，进行扦插生根率最高，为 51.11%，与六月下旬与七月下旬时扦插存在极显著差异，对红花玉兰嫩枝扦插有显著的促进效果。

表 3-19 不同扦插时期对红花玉兰嫩枝扦插生根率的影响

扦插时期	平均生根率(%)	标准误	5%显著水平	1%显著水平
五月下旬	51.11	0.47	a	A
六月下旬	18.89	0.02	b	B
七月下旬	5.56	0.02	c	C

3.7.2 不同扦插时期根系形态的比较

由表 3-20 可知，五月下旬进行扦插，根系的平均生根数量与平均根长均效果均表现最好，其中平均生根数量为 11.34 条，与六月下旬存在显著差异，与七月下旬存在极显著差异，约为七月下旬的 6.79 倍；平均根长为 12.09cm，与其他两个处理存在极显著差异，约为七月下旬时的 2.2 倍，对扦插根系根长的生长促进效果显著。平均根直径与生根性状评分率均为六月下旬时表现较好，但与五月下旬均无显著差异。

表 3-20 不同扦插时期对红花玉兰嫩枝扦插各根系形态指标的影响

扦插时期	平均生根数量(条)	平均根长(cm)	平均根直径(mm)	生根性状评分率(%)
五月下旬	11.34±0.18Aa	12.09±0.09Aa	2.34±0.03Aa	52.0±0.03a
六月下旬	6.73±0.56ABab	9.14±0.74ABb	2.52±0.21Aa	56.0±0.04a
七月下旬	1.67±0.47Bb	5.50±0.39Bc	1.75±0.17Bb	33.0±0.00a

3.7.3 各处理根系指标的主成分分析及综合排名

将所有处理的 5 个指标进行主成分分析(所有数据已使用 SPSS 进行了 z−score 标准化)，各成分的方差及方差累积贡献率见表 3-21，SPSS 提取了 1 个特征值大于 1 的主成分，所提取的主成分方差的累积贡献率为 85.80%。

表 3-21　各成分的方差及方差累积贡献率

成分	初始特征值			提取平方和载入		
	合计	方差(%)	累积(%)	合计	方差(%)	累积(%)
1	4.290	85.795	85.795	4.290	85.795	85.795
2	.710	14.205	100.000			
3	—	—	—			
4	—	—	—			
5	—	—	—			

整理主成分表达式及综合得分公式如下：

$$C = 0.886X_1 + 0.976X_2 + 983X_3 + 0.877X_4 + 0.905X_5 \qquad (3-13)$$

其中：C 表示主成分得分；$X_1 \sim X_5$ 分别表示扦插平均生根率、平均生根数量、平均根长、平均根粗、生根性状评分率这 5 个指标。

将各处理的 5 个指标值代入式（3-13），整理各处理的得分及排名见表 3-22。由综合排名可知，五月下旬时采集插穗进行扦插综合生根效果最好。

表 3-22　各处理的主成分得分及综合得分

扦插时期	C	综合排名
五月下旬	3.5537	1
六月下旬	1.2132	2
七月下旬	-4.7669	3

3.8　不同采集部位对红花玉兰嫩枝扦插生根的影响

3.8.1　不同采集部位扦插生根率的比较

由表 3-23 可知，不同树冠层次采集的插穗扦插生根率存在极显著差异。采集部位对扦插生根率的影响大小依次为：中层、上层、下层。推测原因可能为：5 月下旬时，树冠上层及树冠下层新萌生出的枝条虽含有较多的生长素类物质，但其木质化程度较中层低，枝条过于幼嫩，扦插时极易腐烂，且其营养物质积累少，难以给扦插生根周期较长的红花玉兰插穗提供足够的营养供给。而树冠中层采集的插穗，木质化程度适宜，叶片状态及插穗的营养物质积累较上层及下层更为成熟，因而更容易生根。

表 3-23　不同采集部位对红花玉兰嫩枝扦插生根率的影响

采集部位	平均生根率(%)	标准误	5%显著水平	1%显著水平
树冠上部	33.3%	0.00	b	B
树冠中部	72.2%	1.70	a	A
树冠下部	28.9%	0.47	b	B

3.8.2　不同采集部位扦插根系形态的比较

由表 3-24 可知，树冠中层采集的插穗，其扦插生根平均数量、平均根长、平均根直径以及生根性状评分率均为 3 个采集部位中表现最好，其平均根长更是与树冠上层、下层存在极显著差异。可见，采集自树冠中层的插穗，其整体生根效果较好，其中，对平均根长的促进最为明显。

表 3-24　不同采集部位对红花玉兰嫩枝扦插各根系形态指标的影响

采集部位	平均生根数量(条)	平均根长(cm)	平均根直径(mm)	生根性状评分率(%)
树冠上部	6.9±0.17ab	7.20±0.05Bb	1.94±0.04ABab	55.22±0.04a
树冠中部	7.8±0.29b	10.06±0.05Aa	2.19±0.02Aa	78.89±0.06b
树冠下部	5.7±0.14a	6.37±0.23Bb	1.66±0.02Bb	61.68±0.01ab

3.8.3　各处理根系指标的主成分分析及综合排名

将所有处理的 5 个指标进行主成分分析(所有数据已使用 SPSS 进行了 z-score 标准化)，各成分的方差及方差累积贡献率见表 3-25，SPSS 提取了 1 个特征值大于 1 的主成分，所提取的主成分方差的累积贡献率为 80.54%。

表 3-25　各成分的方差及方差累积贡献率

成分	初始特征值			提取平方和载入		
	合计	方差(%)	累积(%)	合计	方差(%)	累积(%)
1	4.027	80.540	80.540	4.027	80.540	80.540
2	.973	19.460	100.000			
3	—	—	—			
4	—	—	—			
5	—	—	—			

整理主成分表达式及综合得分公式如下：

$$C = 0.988X_1 + 0.935X_2 + X_3 + 0.952X_4 - 0.519X_5 \qquad (3-14)$$

式中：C 表示主成分得分；$X_1 \sim X_5$ 分别表示扦插平均生根率、平均生根数量、平均根长、平均根粗、生根性状评分率这 5 个指标。

将各处理的 5 个指标值代入式(3-14)，整理各处理的得分及排名见表 3-26。由综合排名可知，采集树冠中部的插穗进行扦插，生根效果最好。

表 3-26　各处理的主成分得分及综合得分

树冠部位	C	综合排名
树冠中部	4.5109	1
树冠上部	-1.2797	2
树冠下部	-3.2312	3

3.9 扦插繁殖技术体系

以健壮、长势良好、无病虫害 5～6 年生红花玉兰实生苗为采穗母树截取插穗，五月底时，实生苗的当年生枝条呈现半木质化状态，叶片状态良好，且叶芽饱满，此时即可采集制穗，进行扦插。

扦插前的准备：提前砌好长 6m、宽 1.5m、高 15cm 的插床，并在插床上部搭建 1m 高的拱棚，沿着棚顶用软管铺设自动定时喷淋装置。选用河沙作为扦插基质，扦插前 2～3 天用浓度为 0.2% 的高锰酸钾溶液对基质进行充分消毒；并将基质喷湿，摊平，备用。

插穗的采集与制备：2018 年 5 月 23 日，阴天。选取健壮、长势良好、无病虫害的 6 年生红花玉兰实生苗作为采穗母树，采集当年生半木质化枝条，用枝剪截取枝条中上部制穗，每枝插穗长 12～15cm，留 2～3 片半叶，并留 2～3 个饱满芽，上下切口均为平切，保证切口平滑，防止切口处腐烂。

插穗消毒：配制好多菌灵 800 倍液，将剪好的插穗全部浸入其中，浸泡 1min。

插穗浸泡：将消毒后的插穗成捆摆放整齐，注意分清插穗的形态学上下端，将成捆插穗的基部浸入 1000mg/L NAA：IBA（2∶1）的溶液中，保证每枝插穗基部均可浸泡到生根剂，同时保证插穗的叶片不能沾到生根剂，在生根剂中浸泡 2h 后，即可完成对插穗的处理。

扦插：扦插前将基质摊平，浇透水，保持基质松软湿润，并提前用比插穗直径稍宽的打孔器在插床上等间距地制备插孔，以防止磨损插穗基部，孔深 4～6cm。扦插时保持叶片的朝向一致。扦插深度为 5cm，扦插后用手压实基质，使插壤与插穗基部密切接触，并立即用水淋透基质。

扦插后管理：扦插后每隔 7d 用多菌灵 800 倍液消毒 1 次，定期检查插床上是否长有杂草以及病虫害并采取相应措施预防和控制，根据天气情况合理设置喷雾时间间隔，保证扦插苗床不缺水也不积水，叶片表面形成一层水膜。同时要做好遮阴措施。控制棚内温度为 19～29℃，空气相对含水率为 85%～100%，土壤温度为 21～29℃。

3.10 小结

3.10.1 结论

本研究通过大量试验，系统地研究了激素种类、浓度、不同配比、扦插时间、扦插过程中是否追施生长调节物质、扦插时期、插穗采集部位等因素对红花玉兰嫩枝扦插生根的影响，建立了系统完善的红花玉兰嫩枝扦插繁殖技术体系。

通过研究不同种类、不同浓度生长调节物质对红花玉兰嫩枝扦插生根的影响，结果表明：以 NAA、IBA、IAA、GGR₆ 4 种激素的 6 个不同浓度溶液配置生根剂，处理插穗进行扦插。4 种激素中，以 NAA 溶液处理插穗，扦插生根效果较好。6 个激素浓度中，以 1000mg/L NAA 溶液生根率最高，为 53.33%，显著高于其他处理，各根系指标也处于较好水平。使用主成分分析法综合分析 5 个生根指标，结果表明，使用 NAA 1000mg/L 的溶液处理插穗，扦插生根效果最好。

通过研究不同激素配比的生长调节物质对红花玉兰嫩枝扦插生根的影响，结果表明：以 NAA：IBA(1：0)、(0：1)、(1：1)、(1：2)、(2：1)5 个不同配比的溶液处理插穗，进行扦插。5 个配比中，以 NAA：IBA(2：1)溶液处理插穗，扦插生根效果最好，生根率可达 71.1%，且对生根数量以及平均根直径的促进较好。对各生根指标综合分析，结果表明，使用 NAA：IBA(2：1)溶液处理插穗，扦插生根效果最好，根系综合质量较高。

通过研究不同处理时间对红花玉兰嫩枝扦插生根率的影响，结果表明：将插穗在生根剂中浸泡 15s、60s、120s、2h、4h、6h、12h、18h，研究不同处理时间对扦插生根的影响。以浸泡 2h 生根率最高，为 26.67%，与其他处理时间存在极显著差异，且浸泡 2h 对平均生根数量、平均根长、平均根直径以及生根性状评分率均有显著的促进作用。

通过研究扦插过程中是否追施营养物质对红花玉兰扦插生根的影响，结果表明：扦插过程中，每隔 7d 追施一次生长调节物质生根率最高，为 18.9%，但其与不追施时无显著差异，对平均根长促进效果也最好，综合分析 5 个生根指标，每隔 7d 追施一次生长调节物质得分最高，但由于其对生根率的提高并无显著促进效果，故在生产实践中并不推荐追施营养物质。

通过研究不同扦插时期对红花玉兰嫩枝扦插生根的影响，结果表明：分别在五月下旬、六月下旬、七月下旬采集枝条制备插穗，进行扦插。五月下旬时，生根率最高，为 51.11%，极显著高于其他两个处理，且五月下旬时扦插，可显著提高扦插根系的生根数量及平均根长，对平均根直径和生根性状评分率的促进效果也较好，综合分析结果也表明五月下旬时扦插生根效果最好。

通过研究不同采集部位对红花玉兰嫩枝扦插生根的影响，结果表明：分别采集树冠上部、树冠中部以及树冠下部的枝条，进行扦插。树冠中部采集的插穗，扦插生根率最高，为 72.2%，与其他两个处理存在极显著差异，在平均生根数量、平均根长、平均根直径和生根性状评分率方面均表现优异，由此可得，五月下旬采集插穗进行扦插，生根效果最好。

3.10.2 讨论

扦插繁殖是木本植物商业化生产的重要途径(Legué et al.，2014)。植物扦插技术是涉及多因子的综合复杂的系统工程，应用植物生长调节剂，可使许多难生根树种生根(Henrique et al.，2006；安三平等，2011；张玉臣等，2010)。扦插生根除与植物自身的遗传特性有关外，还与处理插穗所使用的植物生长调节物质及其浓度密切相关(龚弘娟等，2008；刘正祥等，2007；舒常庆等，2007；王慧等，2010；占玉芳等，2008)，这与本研究结果一致。

宗树斌、鲍荣静(2008)对宝华玉兰进行扦插试验发现，枝条的着生部位不同，其距离根系的距离也不同，营养物质的含量也会有所差别，生根能力也不同，在本次试验中，采集自树冠中部的插穗生根能力最强，推测原因可能为树冠中部插穗木质化程度适中，营养物质积累较为适宜，生根能力较强。

不同种类激素最适宜的处理时间是不同的(关义军，宁中凯，万燕华，2012)，本研究中，处理时间为2h时，生根效果最好，推测原因可能为处理时间不同，对插穗的作用程度不同，处理时间过短，未达到预想效果，而处理时间过长，可能会破坏插穗本身的代谢平衡，对生根产生不利作用。

在对玉兰科植物进行扦插试验时发现，不同的温湿度条件下，玉兰生根情况不同，玉兰科树种扦插生根对温湿度的要求比较高，一般需要高温高湿的条件才能生根（高艳鹏，张善红，2001；赵广杰，2004）。一般要求环境温度与插壤温度不能相差太大且应保持在某一适宜水平（刘道敏，吴岳，2008）。本试验研究发现，五月下旬时采集插穗进行扦插，生根率最高，扦插根系效果较好，推测其原因可能是因为六月下旬及七月下旬采集制穗时，扦插环境温度过高，插穗上部呼吸作用较强，插穗失水过多，容易造成插穗自身营养物质不足，且此时插穗过于幼嫩，木质化程度较低，极易被高温灼伤，因而综合生根效果较差。

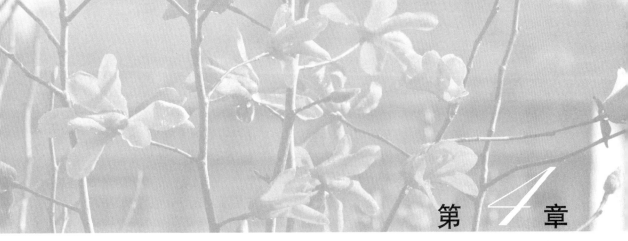

第4章

红花玉兰嫩枝扦插生根阶段的划分及生根机理

4.1 扦插生根机理概述

4.1.1 生根过程中相关酶的活性研究

大量研究表明，过氧化物酶（POD）、多酚氧化酶（PPO）、吲哚乙酸氧化酶（IAAO）这三种酶类物质在高等植物体内普遍存在，与不定根的发端和生长有密切的关系，近年来研究较多。

很多试验表明，POD 活性高有利于生根。Szabolss 研究了多种马缨丹扦插生根过程中POD 活性变化，发现生根慢的植物体内 POD 活性比生根快的植物低（Szabolss，Andrea & Eva，2001）。也有的认为，POD 的作用主要是清除扦插过程中因胁迫产生的自由基，起到催化过氧化氢与其他物质反应从而减少自由基对插穗的伤害，提高插穗生根率。

PPO 是一种含铜的酶，可以催化酚类物质氧化与 IAA 缩合成"IAA~酚酸复合物"，这是一种生根的辅助因子，可促进生根。Poapst 研究发现，苹果插穗的不定根的发生伴随着酚类物质含量的下降，PPO 活性增强促进了茶多酚含量的降低，促进了不定根的形成（Poapst & Durkee，1967）。

IAA 可促进不定根的生成，而 IAAO 能降解 IAA，调节植物体内 IAA 含量，进而影响植物的生长发育。一般来说，易于生根的植物体内 IAAO 活性较低，难生根植物 IAAO 活性高（Gebhardt，1982）。但是，有研究发现在根愈伤组织形成期和根诱导期的 IAAO 和 POD 活性高，有利于降解 IAA，促进根的诱导发生；表达期 IAAO 活性下降，IAA 得到积累，从而促进根生长（扈红军，2008）。可见，IAAO 对插穗生根影响比较复杂，需要进一步探讨。

4.1.2 生根过程中插穗营养物质的研究

扦插生根需要消耗大量的营养物质和能量，插条内所含碳水化合物和氮素化合物水平以及比例关系对插条生根具有重要影响。Evert（1990）研究表明，淀粉并不直接参与根的形成，而可溶性糖参与根的形成。由于淀粉可以转化为可溶性糖，淀粉的储备仍然是非常重要的，插穗留一定的叶片面积，其光合作用可以为插穗积累淀粉，转化为可溶性糖，从而为生根提供能量。

含氮化合物也是影响插穗生根的主要营养物质，插穗生根所需激素、酶类都是含氮化合物，因而含氮化合物的含量与其生根有很大影响。随着研究的深入，人们发现 C/N 比越大生根能力越强。李大威等（2012）研究了不同时期欧榛、杂交榛子插穗内可溶性糖含量、总 N 含量、可溶性蛋白含量及 C/N 比，分析 4 种指标含量对插穗生根的关系，结果表明，无论是硬枝扦插还是嫩枝扦插，生根率都与 C/N 比正相关，嫩枝插穗内可溶性糖、总 N、可溶性蛋白与生根率正相关；硬枝插穗内可溶性糖和总 N 虽然含量较高，但是可溶性蛋白含量和 C/N 比较嫩枝插穗低，所以不利于生根。但也有研究表明，植物生根难易与 C/N 不存在必然的正相关性。同时，有研究表明，无机养分，比如磷、钾、钙等对生根也有影响，但研究还不够深入，需进一步探讨。可溶性蛋白质含量会随着生根进程而发生变化。对含笑扦插生根研究表明，可溶性蛋白质含量先降低，然后升高，最后又降低（刘玉艳，于凤鸣，于娟，2003）。

4.1.3 生根过程中插穗内源激素的研究

内源激素即植物激素，是一类在植物体内合成，可从产生之处运输到别处并对生长发育有着显著作用的微量有机物。目前的研究主要集中在扦插生根过程中内源生长物质的动态变化。其中，施用生长调节物质、采集母树的年龄、不同扦插时期、不同无性系等对植株扦插生根过程中内源激素的动态变化研究较多（刘明海，2015）。植物体的内源激素有生长素（IAA）、细胞分裂素（CTK）、脱落酸（ABA）、赤霉素（GA）和乙烯五种。生长激素可以对插穗体内营养物质的分配产生影响，从而影响扦插的生根方式（Hassig，1974）。生长激素会影响插穗自身蛋白质的合成与分配（梁玉堂，龙庄茹，1989），同时，还会影响插穗内部酶的活性（吕文，1993）。在扦插生根过程中，影响较大的主要有 IAA、ABA、GA、CTK 四种激素。在扦插生根过程中，生长素 IAA 对扦插生根有着显著的作用（Christensen & Erinksen，1980；Hassig，1974；Palanisamy & Kumar，1997）。IAA 能诱发茎组织形成淀粉水解酶，促进磷酸激酶的活性，从而推动有氧呼吸和三羧酸循环的运转（郑均宝，刘玉军，1991），增强了插穗的代谢水平，有利于生根。ABA 一般被认为是扦插的抑制激素，然而，Black T J 报告称 ABA 低浓度为 $1.25 \sim 20 \mu g/mL$，高浓度为 $20 \mu g/mL$ 时，低浓度 ABA 可促进杨树扦插生根，高浓度则抑制，表明低浓度有促进生根作用（Black，1986；哈特曼，1985）。相比单一激素水平对扦插生根的影响而言，对 IAA/ABA 的比值与生根的关系研究更多，结论也更明确。多数试验表明，IAA/ABA 值与生根相关，IAA/ABA 值常作为扦插生根难易的衡量标准（俞良亮，2005）。赤霉素 GA 对根的生长无促进作用，大多数试验认为 GA_3 抑制不定根形成。H. Jansen 发现 $3 \sim 10 mg/L$ 的赤霉素就抑制番茄插穗生根，并使其根数变少，生根时间推迟（Heinz，1967）。Ruichi Pan 等证实 PP333、B9 和粉锈宁促进绿豆下胚轴不定根形成，同时这些生长延缓剂抑制 GA_3 的生物合成，所以证明 GA_3 是不定根形成的抑制剂（Ruichi & Zhijia，1994）。B. H. Howard 等研究表明：赤霉素（GA_3）对桃树插穗生根无促进作用（Howard，1988）。生长素和赤霉素主要是促进细胞的伸长，促进细胞分裂是次要作用，而细胞分裂素类（CTKs）主要作用是促进细胞分裂，还能促进细胞的扩大、侧芽生长、叶片扩大、伤口愈合和形成层活动等(俞良亮，2005)。Okoro 等发现难生根的杨树枝条内源 CTKs 含量比易生根的插条多(Okoro & Grace，1978)。

4.2 研究方法

4.2.1 红花玉兰嫩枝扦插过程中插穗基部形态解剖分析

在整个扦插过程中持续观察插穗基部形态变化，并于扦插后 0、3、8、13、18、28d 进行破坏性采样，用锋利的、已提前消毒的枝剪截取距插穗基部 2～3cm 处的茎段，并迅速置于 FAA 固定液(38%福尔马林：乙酸：70%乙醇，体积比 5：5：90)的西林瓶中，抽气至组织块全部下沉，室温下保存，用 95%酒精+甘油软化剂软化 1～3 周、在系列浓度的酒精中洗脱，二甲苯中透明，石蜡块包埋，Leica RM2016 切片，明胶粘片剂粘片，番红固绿染色，加拿大树胶封片，制成永久切片，切片厚度为 5μm，使用 NikonECLIPSE CI 显微镜镜检、拍照，CaseViewer 2.3 分析切片。

4.2.2 红花玉兰嫩枝扦插生根过程中相关代谢物质含量的变化

在整个扦插过程中持续观察插穗基部形态变化，并于扦插后 0、3、8、13、18、23、28、38d 进行破坏性采样，采集插穗基部 3cm 的韧皮部，测定各时期潜在生根部位 POD、PPO、IAAO、可溶性蛋白以及激素 IAA、ABA、GA₃、ZT 含量的变化。POD 及 IAAO 的测定方法参见张志良等(2003)，PPO 的测定方法参见路文静等(2012)，可溶性蛋白采用考马斯亮蓝 G-250 染色法测定(路文静，2012)，激素的测定参见肖爱华等(2019)。

4.3 红花玉兰嫩枝扦插生根类型及过程

NAA：IBA(2：1)处理的插条形态变化如图 4-1 所示。与扦插后 0 天相比，扦插后 3 天时插穗基部外部形态无明显变化。扦插后第 8d，插穗基部略微膨胀，扦插后 13 天时，插穗基部下切口皮层出现轻微开裂，在表皮上形成许多白色的愈合点。扦插后 18 天时，插穗基部逐渐变黄，表皮处的纵裂进一步增多，皮部愈合点也进一步增多。扦插后 28 天时，不定根发育完成，穿透插穗皮层及皮层上的愈伤组织，伸出插穗表面。扦插后 38 天时，大部分插穗生成不定根。扦插后 58 天，根系数量进一步增多，根系分布较为均匀。大部分红花玉兰插穗形成了较为发达的不定根。扦插后 78 天，距插条基部 3cm 范围内有大量不定根，根系分布均匀，次生根较多，根系系统逐渐完善。而对照处理中，扦插后 0 至 8 天，插穗基部无明显变化，至扦插后 13 天时，插穗逐渐腐烂，至扦插后 28 天时，对照处理的插穗几乎完全死亡。

图 4-2 显示了红花玉兰茎部从外到内的结构组成。由图 4-2 可知，红花玉兰茎部结构清晰明了，层次分明，细胞排列致密有序，主要由皮层、厚壁组织、韧皮部、形成层、木质部和髓构成。红花玉兰皮层较厚，皮层主要包括最外层的周皮细胞和内部的薄壁细胞，细胞多呈椭圆形，细胞核清晰，形态完整，轮廓清晰，大部分排列致密有序，偶有空隙。研究表明，插穗中不定根的发生及生长，很大程度上由插穗皮层的解剖构造所决定(张猛，

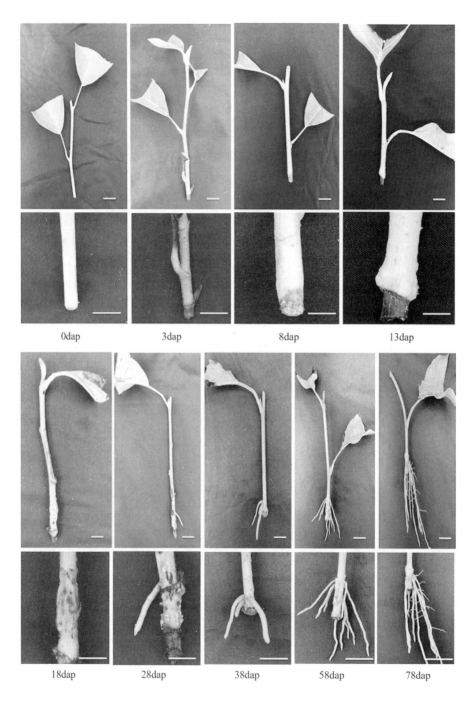

图 4-1 NAA∶IBA(2∶1)处理扦插后 0、3、8、13、18、28、38、58、78d 插穗的形态变化

(注：dap 表示扦插后天数)

2010)，红花玉兰皮层细胞层数大致为 13~16 层，细胞层数较多，皮层较厚，不利于插穗根原基突破皮层，推测这可能是红花玉兰扦插生根较难的一个原因。毗邻皮层的是一圈致密的厚壁纤维组织，厚壁组织的细胞为椭圆形，形状较皮层细胞小，由 2~7 层厚壁细胞

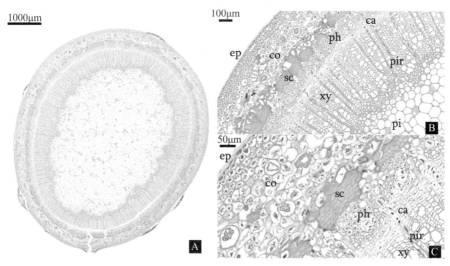

图 4-2　扦插后 0 天时红花玉兰插穗横截面图

注：（A）NAA：IBA(2∶1) 处理的插穗解剖结构。（B），（C）NAA：IBA(2∶1) 处理的插穗解剖结构放大图。缩写：ep=表皮；co=皮层；sc=厚角组织；ph=韧皮部；ca=形成层；xy=木质部；pi = 髓；pir=髓射线。

构成。研究表明，皮层中一层或多层由纤维细胞构成的厚壁组织环，会使生根变得困难（张猛，2010）。由此，红花玉兰厚壁组织环可能为其扦插生根的另一限制因素。厚壁组织以内为红花玉兰的维管组织，主要包括韧皮部、维管形成层、木质部及髓。红花玉兰的韧皮部由 4~7 层的薄壁细胞构成，细胞较皮层细胞小一些，细胞排列较混乱，与形成层界限十分明显；形成层由 2~7 层具有极强分生能力的细胞构成，细胞呈方形，细胞壁较韧皮部薄，细胞核清晰，细胞较韧皮部细胞要小，排列紧密。木质部细胞壁较厚，排列紧密多呈方形；细胞个体较大，排列整齐，呈放射状分布，与髓的交界处偶有髓射线出现。

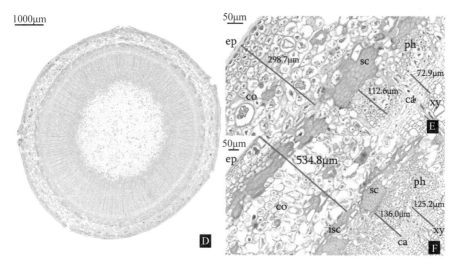

图 4-3　扦插后第 8 天时红花玉兰插穗横截面图

注：（D）NAA：IBA(2∶1) 处理插穗的解剖结构。（E）对照处理插穗各结构的半径。（F）NAA：IBA(2∶1) 处理插穗各结构的半径。缩写：isc=间歇的厚壁组织。

扦插后第 8 天，NAA：IBA（2：1）处理的插穗，其基部略有增厚。由图 4-3 E、F 可知，相比于清水对照处理，NAA：IBA（2：1）处理的插穗，其皮层、韧皮部、形成层均有所增厚，其中，皮层约比对照处理增厚了 1.8 倍，形成层和韧皮部分别增厚了 23.4μm 和 52.3μm。

　　扦插后 13 天时，NAA：IBA（2：1）处理的插穗，其基部表皮出现轻微破裂，由图 4-4 可知，红花玉兰插穗表皮开裂处的细胞开始增殖，形成了有利于保水和防止微生物侵害的愈伤组织。同时，在形成层和其临近的韧皮部及木质部区域偶尔可以观察到由平周分裂和垂周分裂产生的特定细胞，这类细胞相比于其周围的细胞，染色更密集，细胞核更明显。

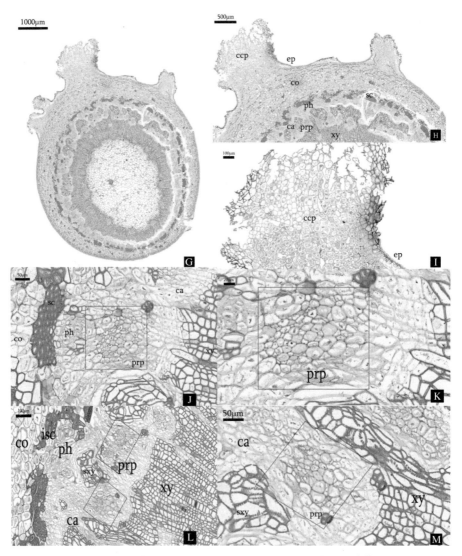

图 4-4　扦插后第 13 天时 NAA：IBA（2：1）处理的插穗横截面图

注：（G）NAA：IBA（2：1）处理插穗的解剖结构。（H）、（I）表皮上的愈合点。（J）、（K）起源于形成层的不定根原基前体。（L）、（M）起源于木质部的不定根根原基前体。缩写：ccp＝皮质细胞增殖；prp＝不定根根原基前体；sxy＝分散的木质部。

这类具有分生特征的细胞团在此阶段尚未表现出整体的极性，推测其为不定根根原基的前体(图 4-4 J、K、L、M)。同时，从图 4-4 L、M 可以观察到由于分生细胞的增殖而被挤压分散的木质部细胞。

扦插后 18 天，NAA∶IBA(2∶1)处理的插穗，基部表皮纵裂程度加深，表皮愈合点数量迅速增加(图 4-5，N、O)，同时，起源于韧皮部和形成层的不定根根原基前体数量增加(图 4-5，P)。随着分生细胞的增殖和分裂，一些根原基前体分化成为了真正的根原基(图4-5，Q)。一些根原基细胞逐渐获得极性，根原基顶端细胞向外延伸，逐步分化出穹顶状结构。其中，位于根原基先端的，较小的细胞层推测为不定根根原基的原形成层(图 4-5，R)。位于根原基基部的呈放射状排列的细胞团被推测为不定根维管束前体(图 4-5，R)。

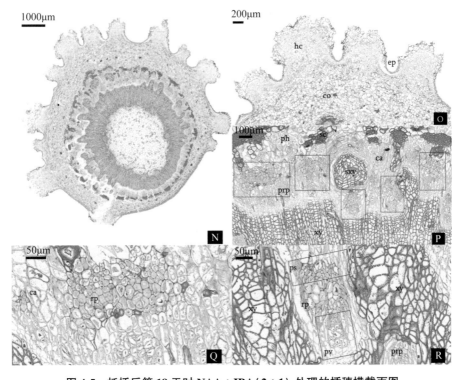

图 4-5　扦插后第 18 天时 NAA∶IBA(2∶1) 处理的插穗横截面图

注：(N) 扦插后第 18 天 NAA∶IBA(2∶1)处理插穗的解剖结构。(O) 表皮愈合点的数量增加。(P) 不定根根原基前体数量增加。红框为根原基前体。(Q) 随着细胞的增殖和分裂，根原基的前体分化成为真正的根原基。(R) 分化中的根原基(穹顶状结构)。红框为不定根维管束前体及原形成层。缩写：hc=表皮愈合点；pv=不定根维管束前体；rp=根原基；ps=原形成层。

如图 4-6 所示，由于不定根的发育是一个异步过程，因此可在同一部分观察到不定根发育的不同阶段。扦插后第 28 天时，根原基分化基本完成(图 4-6，T)，不定根始现。不定根先端呈环状排列、大小均等的细胞构成不定根根冠，同时，维管束前体继续分化，穿过插穗韧皮部和皮层，形成了与插穗原维管系统相连的不定根维管系统(图 4-6，V、W)。不定根在皮层进一步延伸，穿透皮层及皮层上的愈合点，伸出插穗表面(图 4-6，X)。在此过程中，表皮的愈合点与不定根的产生无任何结构性联系，只是在不定根发育的最后阶段，作为不定根根冠发挥作用(图 4-6，X、Y)。

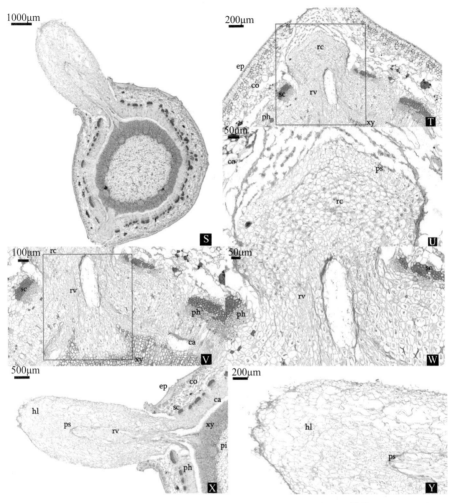

图 4-6　扦插后第 28 天时 NAA：IBA（2：1）处理的插穗横截面图

注：（S）扦插后第 28 天 NAA：IBA（2：1）处理插穗的解剖结构。（T）根原基穿过厚壁组织到达插穗皮层。红框为分化完成的根原基。（U）不定根根冠。（V）与插穗茎相连的根维管束。（W）不定根的维管束。（X）不定根穿过皮层和表皮愈伤组织。（Y）皮层愈伤组织作为不定根根冠发挥作用。缩写：rv = 根维管束；rc = 根冠。

通过解剖和形态学观察可知，红花玉兰为诱导生根型，其不定根由形成层和木质部的薄壁细胞发育而来，其扦插过程可分为四个阶段：诱导期（0～8d），起始期（8～13d），表达期（13～18d），伸长期（18～28d）。

4.4　红花玉兰嫩枝扦插生根过程中相关代谢物质的变化

4.4.1　过氧化物酶活性

过氧化物酶（POD）是植物酶保护系统的重要组成成分，能有效清除有害的自由基和活性氧。NAA：IBA（2：1）的应用对红花玉兰嫩枝扦插过程中酶活性的变化影响显著。由

图 4-7，A 可知，在整个生根过程中，NAA：IBA(2：1)处理插穗的 POD 水平均高于对照处理。在 NAA：IBA(2：1)处理中，POD 酶活性呈双峰型变化，分别于扦插后第 13 天和第 28 天达到峰值，恰好对应于不定根的起始期和伸长期。对照处理的 POD 含量在整个扦插过程中并未出现较大波动，始终维持在 50～100U/(gFW·min)这一恒定的水平。

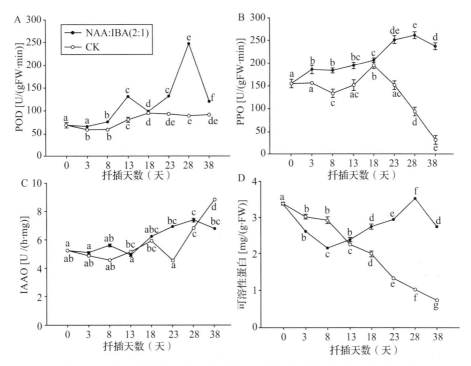

图 4-7　红花玉兰嫩枝扦插生根过程中酶活性及可溶性蛋白含量的变化
(A) POD 活性；(B) PPO 活性；(C) IAAO 活性；(D) 可溶性蛋白含量。图中数据为 3 次重复的均值，各点顶部数字表示 $P<0.05$，相同字母表示差异不显著，不同字母表示差异显著。

4.4.2　多酚氧化酶活性

经 NAA：IBA(2：1)溶液处理的插穗，其 PPO 活性与清水对照处理存在显著差异(图4-7，B)。NAA：IBA(2：1)处理的 PPO 活性呈现为先上升后下降的趋势，在扦插后第 28 天时达到峰值 363.578U/(gFW·min)，约为扦插 0 天时的 1.42 倍。与红花玉兰不定根的诱导期、起始期、表达期、伸长期同步良好。对照处理的 PPO 活性在整个生根过程中始终低于 NAA：IBA(2：1)处理，这可能是空白对照生根率较低的原因。

4.4.3　吲哚乙酸氧化酶活性

NAA 和 IBA 的混合使用显著影响了插穗的 IAAO 酶活性(图 4-7，C)。IAAO 酶活性波动幅度较 POD 与 PPO 小。NAA：IBA(2：1)处理的插穗，IAAO 酶活性呈 M 型趋势，扦插后，IAAO 酶活性逐渐上升，在扦插后第 8 天(5.60 U/(h·mg))出现第一个峰值，但与扦插 0 天时无显著差异，诱导阶段低活性的 IAAO 推测与插穗体内较高水平的 IAA 含量有关。扦插后 13～28d(表达期和伸长期)，NAA：IBA(2：1)处理的插穗，IAAO 活性持续上升，于扦插后 28d 时，达到第二个峰值，7.3831 U/(h·mg)，约为扦插 0 天时的 1.41 倍。对照处理 IAAO 酶活性变化幅度大于 NAA：IBA(2：1)处理，在起始期、表达期和伸长期，IAAO 酶活性均呈上升趋势，在扦插后 38d 时达到峰值(8.8267U/(h·mg))，约为同时期 NAA：IBA(2：1)处理的 1.3 倍。

4.4.4 可溶性蛋白含量

混合激素的使用显著影响了红花玉兰插穗中可溶性蛋白的含量(图 4-7，D)。结果表明，扦插后，对照处理的可溶性蛋白含量持续下降，在扦插后第 38 天达到最小值，0.736519mg/(gFW)，显著低于扦插 0 天。NAA：IBA(2：1)处理的插穗中，可溶性蛋白含量呈现为先下降后上升再下降的趋势，于扦插后第 8 天时达到最低值，2.171mg/(gFW)，在起始、表达和伸长期，可溶性蛋白含量持续上升，在扦插后第 28 天时，NAA：IBA(2：1)处理插穗的可溶性蛋白含量达到最大值，7.219257mg/(gFW)，约为扦插 0 天时的 2.14 倍。在伸长期 NAA：IBA(2：1)处理中观察到的可溶性蛋白质含量的增加可作为扦插生根能力强的良好标志(Moncousin，Gaspar，1983；Nordstrom，Eliasson，1991)。

4.4.5 IAA 含量

混合激素处理显著提高了红花玉兰插穗 IAA 的含量(图 4-8，A)。由图可知，整个扦插生根过程中，NAA：IBA(2：1)处理与对照处理，IAA 含量均呈 M 型变化。NAA：IBA

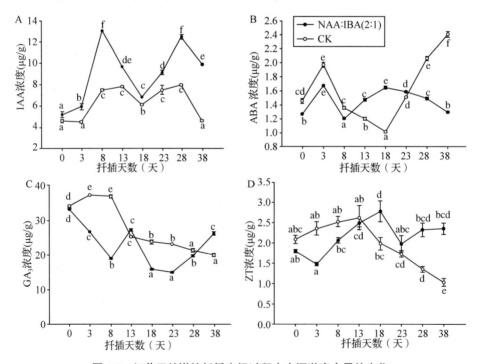

图 4-8 红花玉兰嫩枝扦插生根过程中内源激素含量的变化

注：(A) IAA 含量；(B) ABA 含量；(C) GA₃ 含量；(D) ZT 含量。图中数据为 3 次重复的均值，各点顶部数字表示 $P<0.05$，相同字母表示差异不显著，不同字母表示差异显著。

(2：1)处理的插穗，其 IAA 含量始终高于对照处理。NAA：IBA(2：1)处理的 IAA 含量于扦插后第 13 天和第 28 天时达到峰值，约为同时期清水对照的 1.233 和 1.58 倍。

4.4.6　ABA 含量

NAA：IBA(2：1)处理的插穗，ABA 含量保持在 1.20~1.70μg/g 的较低水平(图 4-8，B)。整个扦插过程中，NAA：IBA(2：1)处理插穗的 ABA 含量呈 M 型变化，两个峰值出现在扦插后第 3 天和第 18 天，分别为 1.6781μg/g 和 1.6514μg/g。对照处理的插穗，ABA 含量在扦插后第 3 天达到峰值，1.9707μg/g，在之后的 15 天，ABA 含量持续下降，在扦插后第 18 天时，达到最低值 1.0186μg/g，扦插的最后 20 天，ABA 含量上升，到扦插后第 38 天时，达到最高值 2.4082μg/g，约比 NAA：IBA(2：1)处理高 1.85 倍。

4.4.7　GA_3 含量

NAA 和 IBA 的混合使用显著影响了红花玉兰插穗 GA_3 的含量(图 4-8，C)。NAA：IBA(2：1)处理中内源 GA_3 含量呈 W 型趋势变化，在诱导期迅速下降，在起始期上升，达到第一个峰值，为 27.0932μg/g，在接下来的 10d 内，GA_3 含量显著下降，于扦插后第 23 天达到最小值(14.9176μg/g)，约为扦插 0d 时的 45.12%。对照处理中，诱导阶段 GA_3 含量高于 NAA：IBA(2：1)处理，扦插后第 8 天时，对照处理的 GA_3 含量比 NAA：IBA(2：1)处理增加 1.95 倍。从扦插后第 8 天起，对照处理 GA_3 含量持续下降，到扦插后第 38 天时，其 GA_3 含量仅为扦插 0 天时的 59%。

4.4.8　ZT 含量

从图 4-8，D 可知，混合激素的使用对红花玉兰插穗 ZT 含量影响显著。整个扦插过程中，NAA：IBA(2：1)处理插穗的 ZT 含量呈 W 趋势变化。在扦插后 0~3d，ZT 含量先轻微下降后持续上升，于扦插后第 18 天达到峰值，2.7763μg/g，约为扦插 0 天时的 1.54 倍。扦插后 18~23d，NAA：IBA(2：1)处理插穗的 ZT 含量迅速下降至 1.9791μg/g，扦插后第 28 天逐渐上升。对照处理的 ZT 含量呈先上升后下降的趋势，其峰值出现在扦插后第 13 天，为 2.6216μg/g，接下来的 25 天，ZT 含量显著下降，至第 38 天达到最小值，1.0296μg/g，约为初始天数的 49.33%。

4.5　小结

4.5.1　结论

本研究揭示了红花玉兰扦插不定根的发育过程：起源于红花玉兰形成层及韧皮部和木质部的薄壁细胞。其发育过程大致分为四个阶段：0~8d 为诱导阶段，8~13d 为起始阶段，13~18d 为表达阶段，18~28d 为伸长阶段。

红花玉兰嫩枝扦插生根过程中，抗氧化酶、可溶性蛋白和内源激素对生根有显著影响。在不定根发育的诱导阶段，NAA：IBA(2：1)的处理诱导产生的内源 IAA 可积累并提高插穗下切口附近 POD、PPO 的活性。不定根发育的起始阶段，随着分生组织的形成，

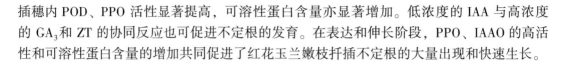
插穗内 POD、PPO 活性显著提高，可溶性蛋白含量亦显著增加。低浓度的 IAA 与高浓度的 GA₃ 和 ZT 的协同反应也可促进不定根的发育。在表达和伸长阶段，PPO、IAAO 的高活性和可溶性蛋白含量的增加共同促进了红花玉兰嫩枝扦插不定根的大量出现和快速生长。

4.5.2 讨论

本研究已初步揭示红花玉兰嫩枝扦插不定根的发育过程及相关生理机制，但在分子层面的探索尚为空白，仍需要展开进一步研究。不定根发育是一个受激素调控的复杂的多基因相互作用的过程。当前，对不定根的研究已深入到分子水平，现已发现多个转录因子家族参与木本植物不定根的形成，常见的有 AP2/EREBP 家族、AP2/ERF 家族、ARFs 家族、GRAS 家族、WOX 家族等（Rigal et al.，2012；Trupiano et al.，2013；Henrique et al.，2006；Vielba et al.，2011；Sanchez et al.，2007；Haecker et al.，2004；Liu et al.，2014；Xing et al.，2011），*ARRO~1*、*LRP*1、*PRP*1、*SAMS*、*MTN* 等基因经证明与不定根早期形成有关（Smolka et al.，2009；Smith et al.，1995；Ermel et al.，2010；Sanchez et al.，2008；Quan et al.，2014a，2014b）。木本植物不定根基因组学研究的深入揭示了植物扦插繁殖的分子机制，为扦插繁殖技术奠定了很好的理论基础。目前红花玉兰属于未测序物种，基因组信息和基因表达信息缺失，对红花玉兰嫩枝扦插不定根发育过程的转录组研究尚属空白，在后续的研究中，可对其生根过程中的代谢物质及转录组进行深入探究，揭示红花玉兰扦插生根的生理以及分子机制，以期为红花玉兰嫩枝扦插提供理论依据与技术支持。

第三编　组织培养

植物组织培养(plant tissue culture)是一门跨学科，涉及多领域，应用极其广泛的科学与技术。植物组织培养的研究历史十分悠久，可追溯到19世纪中期。1828—1829年，德国科学家施莱登和施旺发表了细胞学说，为这门学科的发展奠定了最初的理论基础。在组织培养技术研究的初期，研究者们多采用分生组织、薄壁组织及其所产生的愈伤组织作为外植体进行离体培养，这是植物组织培养的狭义概念。随着生物技术的进步，尤其是对细胞和基因等研究的深入，产生了广义的植物组织培养的概念，即指在无菌和人工控制的条件下，将离体的植物器官、组织、细胞以及原生质体在固体(或液体)培养基上进行培养，使其再生细胞或形成完整植株的技术。

作为种子繁殖的一种良好的补充措施，组织培养对外部自然环境依赖较少，弥补了种子繁殖的不足，而且还可以进行工厂化育苗，提高红花玉兰变种的繁殖效率，降低生产成本。筛选出具有优良性状的无性系，满足生产所需，为大面积推广红花玉兰变种和进一步开发科研价值奠定基础。另外，组织培养技术也是保存处于珍稀濒危状态的红花玉兰变种种质资源的有效手段。

目前，木兰科植物中获得组织培养成功的例子还不多见，仅限于少数的几个树种。而红花玉兰变种作为一个新发现树种，在组织培养方面还处于空白。

第5章

多瓣红花玉兰离体快繁组织培养技术研究

5.1 木兰科植物组织培养技术概述

5.1.1 研究意义

木兰科种资源非常丰富。全世界共有 15 属 250 种，其中我国自然分布的有 11 属 130 种，占世界总属的 73%，总种的 52%，居世界各国的首位。木兰科植物是研究被子植物系统发育和起源的宝贵材料，历来为国内外学者所瞩目(刘玉壶等，2004)。近 20 多年来，木兰科在系统分类学、细胞学、孢粉学、形态解剖学、植物化学、古植物学、分子生物学、保护生物学等学科领域得到了广泛的多学科综合研究(刘玉壶，夏念和，1995)。木兰科植物具有非常高的生态和经济价值，它的花独具特色，花瓣硕大、颜色丰富，花朵艳丽多姿、芬芳袭人，具有较高的观赏价值。木兰科植物对土壤的适应力较强，能够在多种类型的土壤上生长良好，并且还具有除尘、净化空气的功效，是一种优良的行道树种。另外，它在医药、香料等方面也有广泛的开发前景，紫玉兰(*Magnolia liliiflora*)又名辛夷，为木兰科落叶灌木植物，它的花蕾入药可以治疗头痛鼻炎等症状，是我国传统的中药材之一(贾忠奎，2009)，巴东木莲(*Magnolia patungensis*)为我国特有种，其根、叶、花、果均为优等药材，其果晒干后有明耳目、治疗中风、伤寒等功效(陈发菊，张丽萍，2000)。在木兰科植物中，只有少数几个属(木兰属和木莲属)的种子发芽率可达到 80% 左右，其他大多数属植物种子发芽率都很低，例如，鹅掌楸属的马褂木(*Liriodendron chinese*)发芽率不超过 31.8%(程忠生等，1997)。此外，木兰科植物雌雄异株、雌雄花期不同，雄蕊早落，这在很大程度上造成了自然结实率低的现象，而通过离体培养将很好地解决上述问题。国际植物园保护联盟(BGCI)指出，目前全球 131 种野生木兰科植物都处于植物濒危物种名单之中。我国具有丰富的木兰科种质资源，其中许多是具有重大开发价值的树种，但由于保护意识淡薄、资金技术薄弱，植物分布地域较狭窄，采种困难、管理措施简陋等因素，使有些具有很高应用价值的树种没有得到很好的保护和有效的开发利用。例如华盖木(*Manglietiastrum sinicum*)，它是我国的特有稀有种，对木兰科分类系统和古植物学区系等研究有很大的学术价值。它的树干挺拔通直，木材结构细致，有丝绢般的光泽，耐腐、抗虫，是珍稀的用材树种。据调查，在自然状态下分布的华盖木仅有 6 株，林下自然更新极为困难，如果对该物种在无菌的环境中进行组织培养，完全可以解决该物种种质保存的难题（黎明，马焕成，2003）。因此，开展木兰科植物的无性繁殖技术研究，不仅可以借助工厂化育苗提供大量的园林绿化苗木，而且可以有效保护珍贵的种质资源，为木兰科植物潜在价值的开发奠定基础。

5.1.2　国外研究历史及动态

人们对木兰科植物的扦插、嫁接等无性繁殖技术已有一定的研究，但对组织培养无性繁殖技术的研究起步较晚，相关的报道也不多见，远远落后于其他速生丰产树种如桉树、杨树等。国外较早对木兰科植物进行组织培养研究的是美国布鲁克林植物园，早在 1987年，他们就对玉兰属的伊丽莎白（*Magnolia* ‘Elizabeth’）、黄鸟（*Magnolia* ‘Yellow Bird’）两个品种和木兰属的星花木兰（*Magnolia stellata*）做了离体培养研究，试验选择冬芽为外植体，对最佳的培养基和植物调节剂浓度等问题作出了探索性的回答，研究认为 MS 培养基比 AR 培养基以及改良 AR 培养基（大量元素的量低于配方用量）更适用于这些木兰科植物。NAA 生长素和 BA 分裂素的用量分别在 $1 \sim 5 mg/L$ 和 $5 \sim 15 mg/L$ 时，可获得较高的愈伤诱导率（Biedermann，1987）。植物细胞和组织在经过脱分化和再分化建立再生体系的过程中，可通过器官发生和胚状体发生两种途径再生出新的植株体。胚状体发生途径中形成的类胚具有苗端和根端两种极性结构，可在培养基中同时发展成带根苗，这可以很好克服有些木兰科植物生根难的障碍。20 世纪 90 年代初，Merkle S A 等（1989；Merkle，1993）在通过体细胞胚培养途径进行木兰科植物组织培养方面做了大量而深入的研究工作，涵盖了木兰科多个属中的十几个品种。他们用种子作为外植体，在黑暗条件下成功诱导出了木兰科中多个树种的体细胞胚，如北美鹅掌楸（*Liriodendron tulipifera*），金字塔木兰（*Magnolia Pyramidata*），木兰柏（*Magnolia virginana*），弗雷泽木兰（*Magnolia fraser*），黄瓜木兰（*Magnolia acuminate var. cordata*）等，为木兰科植物体胚研究奠定了基础。体细胞胚诱导培养可以避免器官发生途径中生根困难的问题，但 Merkle S A 在试验中发现木兰科植物的体胚诱导率和分化成苗率都很低。胚状体的诱导率不超过 10%，有的树种（大叶木兰 *Magnolia macrophylla*）甚至 90 粒种子只能成功诱导 1 粒，在成功诱导出的体细胞胚中，还有相当一部分是融合子叶的畸形胚，它们将不能发育成苗，分化成苗率在 20% 左右。因此，木兰科植物通过胚状体发生途径进行组织培养的方法还有待深入研究。木兰科植物的属种丰富、新变种也较多，目前国外许多学者也加大了对濒危和稀有的木兰科植株进行组织培养的研究力度，以达到保存种质资源和保护濒危树种的目的。如 Martin Mata-Rosas 成功诱导出了墨西哥厚朴（*Magnolia dealbata*）的体胚，墨西哥厚朴是墨西哥一种特有的濒危树种，它具有安神的功效，在医学上具有很大的开发价值。

5.1.3　国内研究现状

近十年来，国内关于木兰科植物组培技术的探索也有了很大的进步和发展，尤其是对常用的绿化观赏树种有较深入的研究，如鹅掌楸属的杂交鹅掌楸（*Liriodendron chinese×tulipifera*），木兰属的天女木兰（*Michelia sieboldii*），玉兰亚属的白玉兰（*Magnolia danudata*）、紫玉兰(*Magnolia liliiflora*)，含笑属的乐昌含笑(*Michelia chapensis*)、醉香含笑(*Michelia macclurei*)等。这些树种的组织培养技术在近几年都不同程度上克服了褐化、增殖系数低、玻璃化等难题，在建立优良再生体系方面取得了一定的进展。其中，对鹅掌楸属和玉兰亚属植物的研究较透彻，建立了不同外植体种子、腋芽、茎段各自的再生体系，而其他属的植物则只建立了一种外植体的无菌再生体系，甚至未完成再生体系的建立，如红花山玉兰(*Magnolia delavayi* var. *rubra*)、荷花玉兰(*Magnolia grandiflora*)等。与国外研究相比，国内的研究多集中在通过诱导器官发生的途径来建立再生体系，目前国内只有广玉兰通过体胚的途径获得了成功，与 Merkle S A 研究结果相比，谭泽芳等(2003)试验结果表明：广玉兰从愈伤组织诱导胚状体较容易，诱导率可达到 70%，但在胚状体分化成苗时分化率很低，常有很多胚状体不能启动。胚状体途径产生的不定芽增殖数量比器官发生途径多，增殖率高，稳定性好，而且胚状体既具胚芽又具胚根，可以制成人工种子。因此，在未来的研究中，国内应重视通过胚状体途径建立再生体系的研究，以满足工厂化育苗和大面积造林的需要。

5.1.4　影响木兰科植物组织培养的因素

5.1.4.1　植物的种类和品种

植物的种类和品种是影响外植体诱导分化的关键因子。不同科植物的再生能力有很大差异，即使同一个科，不同种植物甚至不同的品种之间的差异也是显著的。Merkle S A 和 Wiecko A T 对木兰科中木兰柏、弗雷泽木兰和黄瓜木兰 3 个树种进行体胚诱导时发现，木兰柏和弗雷泽木兰较黄瓜木兰更易产生胚性愈伤组织，他们认为木兰科植物属的不同可以影响胚性愈伤组织的启动。李艳等(2005)进行了 3 种玉兰的组织培养对比研究，结果表明，二乔玉兰的再生能力最强，白玉兰次之，紫玉兰最差。王碧秦等(2006)对木兰科的 7 种植物进行了试验研究，以不定芽继代培养增殖新生芽的个数作为衡量标准，结果表明杂种鹅掌楸和鹅掌楸的增殖系数和再生能力明显高于其他几个木兰科树种(表 5-1)。因此，植物本身的一些特性决定了其再生能力的强弱，这是很难改变的，所选植物的种类和品种在一定程度上也决定了组织培养的难易程度。

表 5-1　7 种木兰科植物再生能力的比较

植物种类	金叶含笑	长蕊含笑	阔蕊含笑	峨眉含笑	乐东拟单性木兰	杂种鹅掌楸	鹅掌楸
新生芽个数	3.0	3.5	2.8	3.8	2.5	5.0	5.0

注：数据引自《木兰科 7 种植物组织培养技术研究》。

5.1.4.2　外植体的类型

外植体的选择是组织培养技术的第一步，是组培能否成功的关键所在。寻找到植物的最佳外植体一直是研究者们首要考虑的问题。谭泽芳(2003)等人对广玉兰的叶芽、花托、花被、雄蕊、幼叶 5 种外植体做了研究，以愈伤组织的诱导率和诱导速度为标准挑选出广玉兰的最佳外植体为叶芽和花托，王琪等(2001)的试验也得到了相同的结论。对于木本植物来讲，位置效应也是一个不可忽视的细节，因为位置效应可以影响植物的生理状态，位于枝头和近于树冠的枝条生理年龄较小、物质代谢活跃，这对外植体的再生能力和褐化问题会产生影响。徐石等(2008)对天女木兰的顶芽和侧芽进行研究发现，侧芽的褐化较轻，当首选侧芽为外植体建立再生体系。微观上分析还认为位置效应和植物激素的分布梯度有关，由于内源激素是不平衡分布的，致使基因的表达不一致，从而形成不同的生长状态。目前，关于木兰科外植体取材位置的不同对诱导分化的影响还未见报道。徐桂娟等(2002)用黑树莓的上部、中部和中下部三个位置的茎段作为外植体进行培养，结果表明中下部半木质化的茎段存活率最高，萌发快，生长迅速。因此，在进行组织培养时，外植体的正确选择对能否达到预期的效果产生着重大的影响。

5.1.4.3　培养基的成分

　　培养基是植物组织培养的物质基础，也是植物组织培养能否获得成功的重要因素(李胜，李唯，2007)。组织培养中，有的时候还需要根据植物本身的特性，减少或添加某种成分、加大某种元素使用量来对培养基进行改良，以利于植物的生长。Kamenicka A 分别对飞碟玉兰(*Magnolia xsoulangiana*)的最适培养基和最佳碳源做了研究，结果表明改良的 Standardi-Catalano(1984)培养基(s-medium)比 WPM 培养基更利于飞碟玉兰腋芽的增殖，果糖、甘露醇和木糖比蔗糖更利于腋芽的增殖，纤维素和木糖促进根的发生，而山梨醇、鼠李糖、树胶醛糖则抑制不定根的形成。刘根林(2000)对杂交鹅掌楸最佳培养基进行研究，认为改良的 Risser-White(1964)培养基(Ca^{2+} 质量浓度减半，VB5 1mg/L，Biotion 0.01mg/L)较适宜初始和继代培养。琼脂也是培养基的重要组成成分，影响培养基的硬度，对植物的水分和营养物质的吸收产生一定的影响。贾文庆等(2006)在牡丹种胚的离体培养中发现，高浓度的琼脂可降低试管苗的玻璃化，提高琼脂浓度会影响培养基和培养物的水分状况，产生水分胁迫，限制愈伤组织对水分的吸收，从而促进愈伤组织向绿苗的分化；但是，过高浓度的琼脂使得各种养分与激素在琼脂中扩散较慢，并且各自扩散速度不同，使养分的补充减慢，成分比例上有变化，同时培养物排出的一些代谢废物聚集在吸收表面上不易扩散，浓度高抑制组织的代谢活性，会对离体培养物造成毒害。依据植物材料的不同而选择和改良合适的培养基是组织培养程序中的关键一步，也为以后各步骤的顺利开展奠定了基础。

5.1.4.4　培养的环境条件

　　环境条件(光照、温度、湿度等)可对再生植株的形成和质量产生影响，如褐化、玻璃化、水渍化等。光照包括光照强度和光照周期两个因子，当光照大于15h时，玻璃化苗的比例明显增加，增加自然光后，紫外线能够促进试管苗成熟，加快木质化，玻璃苗的茎、叶变红，玻璃化逐渐消失(朱建华，彭士勇，2003)。周丽艳等(2003)在对白玉兰组织培养中褐化机理的研究中发现，暗培养可以有效地抑制褐化。

　　张晓红、经剑颖(2003)认为低温可减少木本植物褐化的程度，合适的温度和继代次数可以防止玻璃化的产生和提高生根的质量。由于木兰科植物组织培养技术起步较晚，目前的研究只是初步建立了植物的再生体系，关于环境条件是如何影响木兰科植物再生苗质量的研究还较少，在以后的工作中，我们应重视环境对提高植株质量影响的研究，以期降低工厂化育苗成本，达到科研和生产相接轨的标准。

5.1.4.5　植物生长调节剂

在组织培养中，植物生长调节物质虽然用量少，但却发挥着极其重要的调节作用。常用的植物生长调节物质(激素)有三大类：细胞分裂素类、生长素类、赤霉素类。常用的细胞分裂素有 6-BA、KT、ZT、TDZ 等；常用的生长素有 IAA、2,4-D、NAA、IBA，生长素能够促进细胞进入分化状态。细胞分裂素常与生长素配合，共同促进不定芽的分化、侧芽的萌发与生长。赤霉素常用来促进幼苗茎的伸长生长，组织培养中常用。大多数研究表明，细胞分裂素与生长素结合使用，对于诱导愈伤组织效果极其显著，其中诱导植物愈伤组织常用的细胞分裂素为 6-BA，生长素为 2,4-D、NAA。苏梦云等(2004)以乐东拟单性木兰成龄树嫩枝茎段为外植体，用 BA、NAA 和 2,4-D 的激素组合诱导出了较多的愈伤组织，在调整培养基中以分裂素 BA、KT 和生长素 NAA、2,4-D 的激素组合诱导产生了较多的不定芽和愈伤组织。田敏等(2005)对杂交鹅掌楸进行组织培养时发现基本培养基对芽的生长状态没有明显的影响，植物生长调节剂是对芽诱导起决定作用的影响因素。

5.1.5　木兰科植物组织培养技术中存在的问题

5.1.5.1　褐化

褐化是指外植体在诱导脱分化或再分化过程中，自身组织从表面向培养基释放褐色物质，以至培养基逐渐变成褐色，外植体也随之进一步变褐而死亡的现象。褐化现象一直是困扰组培技术在木兰科植物广泛应用的问题之一。褐化按其机理可分为酶促褐化和非酶促褐化，木兰科植物的褐化属于前者，是植物体内普遍存在的一种多酚氧化酶(POD)和外植体分泌的酚类、单宁类等次生代谢物底物发生化学反应产生了毒害物质，致使细胞失活、外植体死亡的现象。外观表现为培养基和外植体都为褐色。引起植物褐化的因素很多，在采取抑制措施时可以从以下几方面来考虑，向培养基中添加防褐剂，对外植体或母株进行选择和预处理，另外还可以改变培养基和培养条件，如降低无机盐浓度、采用液体培养、改变激素的比例等。目前的研究中，主要使用前两种方法来抑制木兰科植物褐化。褚建民等(2002)对白玉兰的褐化障碍化进行试验，通过向继代培养基中添加不同浓度的抗氧化添加剂来观察试管苗的增殖率变化。研究认为 0.5g/L 的活性炭要优于抗坏血酸起到抑制褐化的效果，经过此处理的植株褐化轻，增殖率为 5.1，与对照组 4.7 的增殖率产生显著差异。谭泽芳等(2003)在研究广玉兰时认为 0.8g/L 的活性炭对广玉兰抑制褐化的效果最好，而剂量过多的时候会阻碍愈伤组织的生长。褐化的发生与外植体类型选取的时期、生理状态等有密切关系。赵蓉等(2008)对芍药的茎段、叶柄、叶片进行愈伤组织诱导，发现叶片褐化最严重，茎段褐化最少，叶柄居中。冬季外植体褐化率低于春季；幼嫩材料褐化较轻；植物器官分化程度越高，褐化率越严重；外植体越小，接种时外植体切割面越小越不易褐化(郭风云，2001)。Lise E G Biederman(1987)将取材时间设置为 12 月至次年 3 月的冬芽萌动时期，在一定程度上减少了星花木兰等植株褐化的损失。安伯义和赵飞(2005)研究发现在幼叶、成龄叶、幼茎和暗处理叶片中，幼茎的总酚含量最低，PPO 活性水平相对较低，而叶片的总酚含量和 PPO 活性最高。植物本身的内在因素(品种、基因型、生理状态)和环境的条件(培养基的种类、光照、温度)都对褐化产生影响，郎玉涛等(2007)对牡丹愈伤褐化抑制进行了研究,结果表明,以 1/2 改良 WPM 为最佳基本培养基;PVP 和植物凝胶的效果最好;黑暗、低温、较短的继代周期都能不同程度减缓愈伤褐化。何松林等(2005)的研究发现,三种抗氧化剂和吸附剂对褐化的抑制作用较为明显,其中以 PVP 最好,VC 较次之,$Na_2S_2O_3$ 最差;外植体采取前对母株进行遮光处理有利于抑制褐化。所以在解决这一问题上没有统一的通式,只能根据实际情况来采取相应的措施。

5.1.5.2 增殖率低

木兰科植物在愈伤组织诱导、不定芽的产生上都有较大的难度。目前,木兰科植物分化成苗一般采用以芽生芽的方式,研究者多以顶芽或腋芽作为培养对象进行单芽茎段培养或腋芽分枝、丛生培养。这种方法获得的再生苗不易受培养条件的影响而产生基因型的变化,遗传稳定性较好,但增殖率较低,材料受限制较大。不定芽发生虽然较以芽生芽的方式诱导难度大,但可选的外植体类型多样,来源丰富,叶片、叶柄、茎、根等都能进行切段培养产生大量的不定芽,目前木兰科植物中利用这种方式进行增殖的研究还很少,只有曾宋君等(2008)用深山含笑的上胚轴作为材料获得了成功,他们在 MS+2,4-D 2.0mg/L+BA 3.0mg/L+NAA 0.2mg/L 的培养基上诱导出了大量的不定芽,增殖系数达到了 7.5。毕艳娟等(2002)通过分段培养的方法提高了白玉兰的增殖系数。所谓分段培养就是指在增殖培养基上培养一段时间后再转移到另一种激素浓度比例不同的培养基上,这种激素的变化可能引起一些植物的增殖系数的提高。总之,大多数木兰科植物的分化研究还是处于初级阶段,如何通过调节激素,改变增殖方式等来提高增殖率将成为以后研究工作的又一重点。

5.1.5.3 生根困难

木兰科植物生根难易程度因树种而异,有极少数树种在不加任何激素或只有少量生长素的培养基上就可产生不定根,如墨西哥厚朴、醉香含笑,生根率都在90%以上,而对于大多数的木兰科植物来说,生根较为困难。王碧秦、余发新对 7 种木兰科植物(表5-1)进行诱导生根都未获得成功。生长素的种类和浓度是诱导生根的关键因子,孟雪(2005)在对白玉兰进行快繁试验中发现向 1/2MS 培养基中添加 0.2mg/L 浓度的 IBA 或向 1/4MS 添加 0.5mg/L 浓度的 IBA 可以使白玉兰的生根率达到80%。谭泽芳等(2003)用广玉兰的愈伤组织进行生根试验时发现少量的 NAA 有助于根的诱导,但量不宜超过 2mg/L。影响植株生根的因素很多,除了生长调节物发挥作用外,培养基中的所有成分(包括基本的无机和有机成分,也包括糖类、琼脂等添加成分)甚至培养基的 pH 值都可以直接影响植物生根,培养微环境、外植体类型也与生根有着密切的关系。另外,国内外研究者都尝试通过试管外生根的方式来进行生根,郭治友等(2008)在研究杂交鹅掌楸组织培养时利用此方法,在有机腐质土基质上进行瓶外生根获得成功,其生根率超过83.3%。总之,木兰科植物中只有少数树种的生根获得成功,而且获得成功的结果有些都很不一致,很难形成定论,生根困难仍然是木兰科植物组织培养中的一个难题。

5.1.6 组织培养技术的前景和展望

在近 20 年来,木兰科植物组织培养技术在国内外都有了较大的发展,在某几个树种中取得了重大的突破，但对大多数木兰科树种来讲，研究还不够深入，一些重要技术问题（褐化、生根困难）还没有得到普遍解决，各项试验还都只是停留在启动培养和植株再生体系建立上，对于如何提高再生苗质量和更深层次上的机理问题研究（如激素如何发挥功能使不同器官组织对形态建成产生反应）仍然还是空白。多瓣红花玉兰作为木兰科植物一个新发现的树种，在组织培养技术的各个环节研究中更是缺少先前经验，处于初探阶段，存在着诸多困难和挑战。但是，从另一方面来看，随着生物技术的迅猛发展，植物组织培养技术作为一种重要的生物学研究和应用手段，对发挥多瓣红花玉兰的科研、学术和经济价值具有重大的意义。多瓣红花玉兰是鄂西南特有树种，存在着数量稀少、种群灭绝的危险，种质资源流失严重。组织培养技术不依赖于固有的自然环境，能够进行快速的工厂化生产育苗，繁殖效率高，周期短，有利于满足生产中的数量需求，为完整保存珍贵的多瓣红花玉兰种质资源，并大面积推广，进一步发挥其重大科研和经济价值奠定了基础。同时，随着人们对多瓣红花玉兰潜在价值的日益重视，这一技术将不仅局限于作为增殖繁育的一种手段，而更多的是与生物基因等技术的结合应用，在植物器官、组织和细胞的代谢规律、个体遗传与突变性状的保存、改良新品种、新变种开发应用等方面发挥更大的作用。

5.2 研究方法

5.2.1 试验材料

分别以多瓣红花玉兰的种子、腋芽、带腋芽茎段和叶片为外植体材料。种子是 2008 年秋季于原产地湖北五峰县采集的混系种子，由湖北省五峰县林业局提供。采收后经层积沙藏于次年（2009 年）3 月运至北京林业大学森林培育实验室，经挑拣水洗后，用湿沙混拌种子（比例为 2∶1）贮藏于温度为 4℃的冰箱内。腋芽、带芽茎段和叶片均采自北京市昌平区林学会菊花地 3~4 年生多瓣红花玉兰苗圃地，这三种材料均采自同一品系多瓣红花玉兰的一年生根上枝条，腋芽或带芽茎段采自顶端起 1~3 个，叶片均为顶芽叶片。采集时间一般选在晴朗无风的正午，在 2h 左右的车程中材料置于冰盒内保护。

5.2.2 培养基的配制和培养条件

5.2.2.1 培养基的制备

培养基的制备主要包括以下 6 个步骤：

确定培养基种类，配制母液：根据选定培养基的配方逐一称量药品、溶解后置于容量瓶中，混合均匀后用蒸馏水定容制成培养基的各成分母液、激素母液。

基本培养基配制：根据培养基的配方，按比例换算后顺次加入基本成分母液和激素母液，然后加入一定量的糖类，加入蒸馏水定容并搅拌均匀。

调节 pH 值：试验培养基 pH 一般为 5.8~6.0，当初始配制的培养基超出这一范围时，使用 1.0mol/L 的 HCl 和 NaOH 调整酸碱度。

琼脂调节：加入 6~8g 琼脂并加热煮沸使之融化，在融化的过程中要不停搅拌以避免产生结块。

　　培养基分装：用分装器将培养基分装置广口瓶或三角瓶内，用10×10的进口封口膜和橡皮筋封口。

　　高压灭菌：将分装后的培养基以及试验中所用的工具与器皿(报纸封包好后)于高压灭菌锅内灭菌，121℃ 20min，冷却定型，以备接种。

5.2.2.2　培养条件

　　组培室的培养条件为室温25±2℃，空气相对湿度60%左右，采用每日光照培养16h和暗培养8h的光周期。每个培养架的光照由2根40W的直管型荧光灯管提供，强度为2000~3000lx左右。

5.2.3　最佳外植体的选择

　　分别将四种外植体(剥去外种皮的种子、腋芽、带腋芽茎段和叶片)用清水和毛刷进行外部清洁，然后再用20%的滴露消毒液浸泡30min后，置于流动水中冲洗1h，完成初步灭菌工作。再将上述材料置于超净工作台中进行进一步的消毒处理(75%酒精30s，10% NaClO 10min)和剪切处理，种子一般保留全部体积1/3左右的带胚部分，腋芽和带芽茎段重新切口，叶片一般取自带中脉的1cm×1cm的正方形部分，将处理后的各种试验材料接种于MS+1mg/L 6-BA+1mg/L NAA基本培养基上，15d后观察外植体生长情况，统计其不同种外植体的成活率、萌动率、畸形率、死亡率(污染不计入其内)，选择出适合多瓣红花玉兰组织培养的最佳外植体类型。

　　2009年5~10月的各月中旬，选择晴朗无风的天气，于正午12:00~13:00获取最佳的外植体类型，接种于上述培养基上，对比不同时间取材对外植体的褐化率、成活率的影响。此外，试验还于2010年1月在苗圃地采集多瓣红花玉兰冬季枝条进行室内水培，将枝条插在MS培养液中20d左右，待休眠芽膨大苞片未开裂时取材，经过表面消毒灭菌后(同上)，在超净工作台内剥去外苞片，取出里面的叶芽接种到培养基上。20d后观察冬芽的萌动和成活情况。上述所有处理每次接种10瓶，每瓶2~3个外植体，试验重复3次。

5.2.4　最佳灭菌体系的建立

　　取健壮的带芽茎段30个置于流动水中冲洗0.5h，然后将其浸泡在20%"滴露"消毒液中15min，再用流动水冲洗1h，然后在超净工作台中用75%酒精进行30s的初步灭菌，以NaClO灭菌剂的浓度和时间两个因素进行完全随机区组消毒试验，NaClO浓度分别为5%、10%、15%、20%，灭菌时间为10、20、30min，共计12种处理。最后将外植体置于MS基本培养基，分别于第3天、一周后、两周后观察外植体污染情况并统计污染率、死亡率、成活率等，根据统计情况建立起带芽茎段的最佳的灭菌体系。每种处理接种10个，共进行3次重复。

5.2.5　基本培养基及成分的选择

　　基本培养基的种类、碳源的种类和浓度是为试管苗提供营养的关键因子，也是试管苗生长的重要物质基础。试验采用$L_9(3^4)$设计(表5-2)，将经过灭菌的无菌外植体接种到以下 9 种处理的培养基上，20d 后观察外植体生长情况，筛选出多瓣红花玉兰的最适培养基类型、碳源的种类和浓度。

表 5-2 $L_9(3^4)$ 正交设计的因素和水平数

因素 \ 水平	1	2	3
基本培养基类型	WPM	MS	1/2MS
碳源种类	果糖	蔗糖	白砂糖
浓度（g/L）	15	30	40

5.2.6 抑制褐化体系的建立

5.2.6.1 外植体处理对褐变的影响

木兰科植物组织培养中褐化是一个普遍存在的问题，外植体的冷处理和浸泡聚乙烯吡咯烷酮（PVP）溶液能在一定程度上减轻褐变。外植体处理包括以下 4 种。

（1）将采回的嫩枝用湿纱布包好外植体的切口部分放在 4℃ 下冷藏 2h、4h 后，切成茎段进行灭菌处理。

（2）将带芽茎段在灭菌前放在 1 g/L PVP 溶液中浸泡 1h、2h。

（3）灭菌后的带芽茎段在上述 PVP 的溶液中切割，接种。

（4）对照（常规处理）。每种处理接种外植体 30 个，试验重复 3 次，统计每种处理的平均褐化率，以确定最佳的抗褐化外植体处理方法。

5.2.6.2 防酚氧化物对外植体褐变的影响

将带芽茎段分别接种于以下几种培养基中。培养基中分别加入二硫苏糖醇（0.5mg/L）、抗坏血酸 Vc（5mg/L）和活性炭（2g/L），并设置对照处理。每种处理接种外植体 30 个，试验重复 3 次，统计每种处理的平均褐化率，以确定最佳抑制多瓣红花玉兰褐化的防酚氧化物。

5.2.6.3 培养条件对控制褐变的影响

光照和温度是影响植物褐化的主要环境因子。试验培养条件分为以下 3 种：

遮光处理：在 25℃ 下暗培养 15d 后转光下培养。

低温遮光处理：在 15℃ 条件下遮光 15d 后转入 25 ℃ 的全光照下培养。

对照：每种处理接种外植体 30 个，试验重复 3 次，统计每种处理的平均褐化率，以确定最佳的抑制多瓣红花玉兰褐化的培养条件。

5.2.7 初代培养体系的建立

将经过前期外植体处理和灭菌后的带芽茎段接种到添加了植物生长调节剂（细胞分裂素 6-BA，生长素萘乙酸 NAA）、吸附剂（AC）和抑制剂（Vc）的 MS 培养基上（表 5-3），15d 后观察统计其死亡率、褐化率，通过计算成活率筛选出最佳的初代培养体系，通过褐化率筛选出最佳的防褐化体系。

表 5-3　初代培养试验各因素水平表

处理号	植物生长调节剂组合（mg/L）		防褐、吸附剂（g/L）	
	6-BA	NAA	Vc	AC
1	0	0	0	0
2	0	1	0	1
3	0	1.5	0	3
4	0	2	0	5
5	1.5	0.5	3	0
6	2	1	5	0
7	2.5	3	8	0
8	1	1.5	3	1
9	2	1.5	5	3
10	2	2	6	2

5.2.8　带芽茎段器官发生途径

将初代培养的试管苗剪成 1.5~2cm 的带芽茎段，接种添加不同浓度的细胞分裂素 6-BA 和生长素 NAA 的 MS 基本培养基。试验采用 $L_{16}(4^9)$ 正交试验设计，共 16 个处理，每个处理为 10 瓶，每瓶 1~2 个单芽茎段，试验重复 3 次。接种 20d 后调查增殖系数。

5.2.8.1　继代周期对褐化率的影响

将初代培养的试管苗剪成 1.5~2cm 的带芽茎段，接种于 MS+6-BA 1.0mg/L+NAA 0.2~0.5mg/L 培养基上，然后分别于 15、20、30、40d 进行转接，每个继代周期各转接 3 代，调查各继代周期的褐化率。

5.2.8.2　继代次数对增殖系数的影响

将初代培养的试管苗剪成 1.5~2cm 的带芽茎段，接种于 MS+6-BA 1.0mg/L +NAA 0.2~0.5mg/L 培养基上，每代接种 10 瓶，每瓶接种 2 个茎段，培养 20~30d 后继代，直到转接到第 6 代，调查统计每代转接的茎段数，计算每代平均的增殖系数。

5.2.9　愈伤组织的诱导

将经过初代培养的组培苗接种到不同含量的植物生长调节剂（细胞分裂素 6-BA，KT，生长素 NAA）诱导培养基上（表 5-4），每种处理接种 15 个，试验重复 3 次。30d 后统计其愈伤率和褐化率，筛选出最佳的愈伤诱导体系。

表 5-4　愈伤诱导试验各因素水平表

处理	植物生长调节剂组合（mg/L）		
	6-BA	KT	NAA
1	0	0.5	0.1
2	1	0	0.2
3	2	0	0
4	0	1	0.5
5	3	2	0.8
6	5	3	1.2
7	8	3.5	1.5
8	10	4	2
9	12	5	2.5

5.2.10　生根培养初探

将带芽茎段器官发生途径生成的试管苗接种到生根培养基上（表 5-5），每种处理接种 10 瓶，每瓶接种 1~2 个 1~1.5cm 的试管苗，30~40d 后观察生根情况。

表 5-5　生根诱导试验各因素水平表

处理	培养基类型	NAA（mg/L）	6-BA（mg/L）	IBA（mg/L）
1	MS	1	0	0
2	MS	2	0.5	0
3	MS	3	1	0
4	MS	1	0	0.5
5	MS	1	0	1
6	MS	1	0.5	2
7	1/2MS	1	0	0
8	1/2MS	2	0.5	0
9	1/2MS	3	1	0
10	1/2MS	1	0	0.5
11	1/2MS	1	0	1
12	1/2MS	1	0.5	2
13	1/2MS	2	1	1
14	1/2MS	2.5	0	3
15	1/2MS	1	0	4
16	1/2MS	2	1	5

5.2.11　统计指标

污染率（%）＝接种污染数/接种总数×100%

萌动率(%)= 萌动外植体数/接种总数×100%

褐化率(%)= 褐化的外植体数/接种外植体总数×100%

成活率(%)= 成活苗总数/接种苗总数×100%

诱导率(%)= 诱导芽的外植体数/接种总数×100%

增殖系数=每次继代切割所得带芽茎段数/原接种带芽茎段数

愈伤组织诱导率(%)= 产生愈伤组织的外植体数/接种外植体总数×100%

死亡率(%)= 死亡的外植体数/接种外植体总数×100%

5.3　最佳外植体的选择

5.3.1　外植体类型的选择

将灭菌的多瓣红花玉兰种胚、叶片、叶芽和带芽茎段外植体分别接种于 MS 基本培养基上培养,结果见表5-6:带芽茎段的成活率和萌动率较高,分别为80.3%、75.6%,叶片、种胚、腋芽的成活率和萌动率均较低,分别为2%、3%、10.6%和0%、1.3%、5.3%。方差分析可知,带芽茎段与其他三种外植体类型差异显著,是多瓣红花玉兰组织培养外植体的最佳选择。通常来讲,种胚(或胚性材料)生成无菌苗是获取无菌外植体的最佳途径,这种方式获得的无菌苗生活力高,分化能力强,有利于进行下一步的脱分化和去分化处理。但在本试验中,种胚(胚性材料)的成活率极低,仅为3%,且生长出来的胚根纤细,生命力弱,不能很好吸收培养基的营养物质,在生长 10~20d 后自行死亡。因此,通过种子获取无菌苗途径不能保证试验材料的数量和质量,不能作为外植体类型的良好选择。褐化和畸形是造成多瓣红花玉兰外植体死亡的主要因素,从表5-6结果分析可知,相对于畸形率,褐化率是引起外植体死亡的主导因素。叶片、种胚、腋芽的褐化率均高于70%,分别为 87.5%、89.7%和74.6%。带芽茎段的褐化率相对较低,但也达到了10.7%。多瓣红花玉兰的高褐化率与植物本身特性具有密切关系。由于木兰科植物含有较高的酚类、单宁类物质,所以在进行离体培养时较易氧化,产生褐化现象。酚类物质主要以糖苷或糖脂状态积存于液泡中,在植物体内分布不均,而且随着外界环境和植物本身的生理状态发生变化,因此不同类型的外植体的褐化程度也不尽相同。造成叶片、种胚和叶芽褐化率高,一方面是因为这三种类型的外植体比较幼嫩,生理年龄状态较小,代谢活跃,酚类物质含量较高,另一方面是由于其相对切口面积较大,容易造成酚类物质的溢出,当其与培养基接触时氧化产生较高的褐化率。

表 5-6　不同外植体的生长情况比较　　　　　　　　　　　%

外植体类型	死亡率		成活率	萌动率
	褐化率	畸形率		
叶片	87.5	10.5	2.0	0a
种胚(胚性材料)	89.7	7.3	3.0	1.3a
腋芽	74.6	14.8	10.6	5.3a
带芽茎段	10.7	9.0	80.3	75.6b

注 a:不同字母表示各水平在 $P<0.05$ 水平上差异显著,下表同。

5.3.2 最佳采集时间的选择

植物体内酚类化合物和多酚氧化酶活性随时间呈现一定的变化，取材不同，植物所处的生理状态也不同，因此对外植体的褐化产生一定影响。通过对最佳外植体带芽茎段采集时间与褐化率关系分析可知（图 5-1），5~8 月，外植体的褐化率虽然呈现平稳上升的趋势但变化幅度不大，基本维持在 15%~20% 范围内，而 9~10 月，褐化率明显下降，维持在 10% 左右。说明在生长旺季，多瓣红花玉兰代谢活跃，含有较多的酚类物质，此时取材进行离体培养较易褐化，秋季 9~10 月采集，外植体褐化现象减弱，可作为较佳的取材时间。外植体的成活率一方面受褐化死亡的影响，另一方面与植物材料的生理活性有关，从图 5-1 可知，多瓣红花玉兰带芽茎段的成活率在 6~8 月呈现下降趋势，这主要是由于外植体褐化造成的死亡，9 月取材的成活率要高于 10 月 10% 左右，这主要是由于植物在进入深秋 10 月生长代谢能力下降，外植体的活力也随之下降，成活率降低。

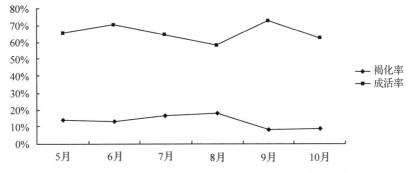

图 5-1　不同时间取材对带芽茎段褐化率和成活率的影响

植物冬眠芽外层苞片未开放，叶芽未接触到外面的环境，所以通常认为在苞片的保护下，里面的叶芽无菌或带菌量很小。试验结果表明（表 5-7），冬芽污染率确实低于其他外植体类型，平均污染率仅为 4.8%，但在确定最佳外植体时既要考虑到污染率同时又要平衡材料的成活率，冬芽萌动率较低，平均萌动率仅为 14.6%，最高的一次萌动率也仅为 16.7%。分析认为，1 月冬季取材，此时冬芽正处于休眠状态，营养生长受到抑制，植物内源激素含量较小，对外源激素要求较高，而接种在培养基内的冬芽在一开始并不能充分吸收营养物质，这期间内源激素匮乏，外源激素补充不及时，两者不能很好过渡和衔接致使其萌动率较低，外植体不易成活。

综上分析可知，多瓣红花玉兰组织培养的最佳外植体类型为带芽茎段，最佳取材时间为 9 月中旬，此时取材外植体的褐化率较低，成活率较高。

表 5-7　冬芽的污染率与萌动率

处理号	接种瓶数	接种数（个）	污染数（个）	污染率（%）	萌动数（个）	萌动率（%）
1	10	27	1	3.7	3	11.1
2	10	30	2	6.7	5	16.7
3	10	25	1	4.0	4	16.0
平均	10	27.3	1.3	4.8	4	14.6

5.3.3　最佳的消毒灭菌体系

试验以酒精和 NaClO 溶液两种消毒剂建立了多瓣红花玉兰带芽茎段的最佳消毒灭菌体系(表 5-8)。首先用 75%酒精对外植体进行初步消毒,75%的酒精不仅可以杀死部分细菌和真菌,还可以浸润外植体的表面,使 NaClO 消毒剂更易均匀地接触到外植体表面,使杀菌更彻底。其次,选择合适的 NaClO 溶液的浓度和消毒时间是建立最佳灭菌体系的关键,只有合适的时间和浓度才能保证既不伤害植物材料本身又能杀死植物表面的细菌、真菌,达到良好的灭菌效果。由表 5-8 可知,随着消毒时间从 10min 增加至 30min 和 NaClO 浓度从 5%增加至 20%,外植体的污染率从 36.3%下降到 6.7%,呈逐步下降的趋势,外植体的成活率从 44.7%上升至 84%后又逐步下降至 64.7%,呈现先上升后下降的单峰趋势。随着消毒时间和浓度的增加,各种污染源灭菌更加彻底,污染率下降,成活率增加,但当消毒的浓度和时间达到植物材料能够承受的临界值时,如继续增大则会对外植体组织造成一定的伤害,此时虽然污染率会继续下降,但是外植体死亡率增加,导致成活率降低。当 NaClO 浓度为 10%消毒时间为 l0min 时,成活率达到最高为 84%。方差分析结果表明,处理 4、5 两者之间成活率无明显差异,与其它处理产生显著差异,消毒灭菌效果良好。从处理 1(NaClO 5%,10min)至处理 4(NaClO10%,10min),随着消毒浓度或时间的增加,成活率呈现逐渐上升的趋势,直至达到成活率 83.3%~84%,处理 4(NaClO 10%,10min)以后随着消毒浓度或时间的增加,成活率开始呈现下降趋势,说明处理 4(NaClO 10%,10min)是多瓣红花玉兰带芽茎段外植体 NaClO 消毒的临界值。因此,多瓣红花玉兰的最佳消毒灭菌组合应为处理 4 和 5(10% NaClO,10~20min),成活率可达到 83.3%~84%。

表 5-8　消毒时间与浓度对外植体的影响

处理号	NaClO 消毒 (%)	消毒时间 (min)	污染率(%)				成活率(%)			
			1	2	3	平均值	1	2	3	平均值
1	5	10	39	40	30	36.3a	49	45	40	44.7a
2	5	20	36	40	35	37.0a	53	55	45	51.0a
3	5	30	26	30	25	27.0b	50	45	55	50.0a
4	10	10	17	15	18	16.7c	87	85	80	84.0d
5	10	20	16	20	11	15.7c	83	87	80	83.3d
6	10	30	15	14	14	14.3c	61	65	70	65.3b
7	15	10	12	11	15	12.7c	70	75	77	74.0c
8	15	20	11	10	14	11.7c	77	80	78	78.3c
9	15	30	11	13	15	13.0c	73	74	70	72.3c
10	20	10	12	11	10	11.0d	49	50	55	51.3a
11	20	20	8	7	5	6.7d	53	55	60	56.0b
12	20	30	9	8	3	6.7d	69	75	50	64.7b

5.3.4 基本培养基及其成分的选择

基本培养基以有机物和无机物两种存在方式为外植体提供所需要的营养元素和物质，是组织培养关键的物质基础，不同种类植物培养所要求的基本培养基均有差异。糖类物质是最重要的碳源物质之一，它在培养基中为培养物提供所需要的碳骨架和能源。通过对基本培养基种类、碳源种类和浓度进行正交试验，极差分析结果表明（表 5-9），最大的极差值 15.85 出现在基本培养基的种类这一因素上，说明基本培养基的种类是影响外植体萌动率的重要因子，其次是碳源的浓度，极差值为 9.92，而碳源的种类对外植体萌动不产生较大影响。结果表明：最适合多瓣红花玉兰启动生长的基本培养基为 MS 培养基，蔗糖比白砂糖和果糖更适合做多瓣红花玉兰的碳源，碳源浓度为 30g/L 对外植体的生长更有利。

MS 培养基在组织培养中使用比较普遍，主要是由于它是一种高浓度离子和无机稳定平衡的溶液，含有较高浓度的 NH_4^+、NO_3^-、K^+，利于一般植物组织和细胞的快速生长，说明多瓣红花玉兰适合高浓度养分的培养基。作为组织培养中一种重要的碳源，蔗糖经熬煮和高压灭菌后就会分解成植物能够吸收的葡萄糖和果糖，所以在相同质量的情况下蔗糖能够提供更多的能量。另外，蔗糖浓度也是调节培养基渗透压的重要物质，而渗透压是保证培养材料正常生长至关重要的因素。试验表明多瓣红花玉兰初代启动培养中，萌动率较高的为 MS 培养基，添加蔗糖浓度为 30g/L（3%）。

表 5-9 基本培养基种类、碳源种类和浓度对萌动率的影响

处理	培养基种类	碳源种类	碳源浓度（g/L）	萌动率（%）			
				I	II	平均	数值转换
1	WPM	果糖	15	65.5	70.3	67.9	55.49
2	WPM	蔗糖	30	89.3	94.6	92.0	73.57
3	WPM	白砂糖	40	81.9	70.8	76.4	60.94
4	MS	果糖	30	95.7	94.0	94.9	76.95
5	MS	蔗糖	40	95.2	93.6	94.4	76.31
6	MS	白砂糖	15	90.9	88.0	89.5	71.19
7	1/2MS	果糖	40	73.5	80.4	77.0	61.34
8	1/2MS	蔗糖	15	62.7	70.9	66.8	54.82
9	1/2MS	白砂糖	30	80.4	71.8	76.1	60.73
T1	190.00	193.78	181.50				
T2	224.45	204.70	211.25				
T3	176.89	192.86	198.59				
X1	63.33	64.59	60.50				
X2	74.82	68.23	70.42				
X3	58.96	64.29	66.20				
极差	15.85	3.64	9.92				

5.4 抑制褐化的研究

5.4.1 外植体处理对褐变的影响

多瓣红花玉兰褐化属于酶促褐变，是植物体内普遍存在的一种多酚氧化酶（PPO）和外植体分泌的酚类、丹宁类等次生代谢物底物发生化学反应产生了毒害物质，致使细胞失活、外植体死亡的现象。正常植株或组织内 PPO 和酚类物质分别存在于细胞的不同细胞器，呈区域性分布，被一系列膜系统分隔，因此正常组织中 PPO 和酚类物质不直接接触。当进行组织培养时，细胞受损，破坏了原本的膜系统，为酶促褐变创造了底物酚类、丹宁类物质和 PPO 的接触条件，产生褐化。

冷藏和聚乙烯吡咯烷酮（PVP）对外植体的处理均能在很大程度上降低外植体的褐化率（表 5-10）。与对照组褐化率 84.6% 相比，褐变降幅为 10.6%~35.8%，其中外植体在 PVP 溶液中切割处理效果最好，仅这一项措施就可使褐变率降低为 48.8%，其次为冷藏 4h，可使褐变率降为 50.7%。PVP 降低褐变的主要原理是，它是酚类物质的专一性吸附剂，能够很好地结合导致植物体褐变的酚类渗出物质。许多试验证明用 PVP 处理后的浸渍水不再对植物生根和种子发芽有抑制作用。试验表明 PVP 溶液内切割比 PVP 溶液浸泡的效果较好，分析认为溶液内切割能够及时吸附酚类物质，浸泡只是对消毒前材料进行了预处理，不能对在接种前的新切口的酚类溢出物产生吸附作用，因此 PVP 溶液浸泡对褐化的抑制效果较差。低温能够有效降低褐变主要是因为低温可以减少褐变底物酚类物质含量，降低多酚氧化酶的活性，同时低温还可以降低酚类物质氧化速度。因此，试验表明在 PVP 溶液中进行外植体切割和冷藏枝条 4h 均是良好的抑制褐化的手段。

表 5-10　不同外植体处理对褐变效果的影响

处理		褐变率（%）			
		1	2	3	平均
冷藏	2h	45.7	57.8	48.5	60.5
	4h	53.8	65.5	62.3	50.7
PVP 溶液中浸泡	1h	62.7	79.2	80.1	74.0
	2h	65.9	52.3	44.7	54.3
PVP 溶液中切割		40.3	54.1	51.9	48.8
对照		80.6	84.5	88.6	84.6

5.4.2　防酚氧化物和吸附剂对外植体褐变的影响

许多试验结果表明在培养基中加入抗氧化剂等抑制剂或吸附剂可以有效减轻外植体的酶促褐变。在本试验中，二硫苏糖醇（DTT）、抗坏血酸（Vc）和活性炭（AC）均能有效降低多瓣红花玉兰外植体的褐变率（表 5-11），与对照组相比，褐化降幅为 32.6%~45%，其中抗坏血酸的抑制效果最好，可使褐变率减低至 41.7%，其次为活性炭，最后为二硫苏糖醇。

褐变是 PPO 这种含铜的末端氧化酶催化天然底物酚类化合物，使其发生氧化而形成棕褐色的醌类物质，醌又再经非酶促聚合，形成深色物质(醌与黑色素等)，然后它们再逐渐扩散到培养基中抑制其他酶的活性，毒害外植体材料使之死亡。二硫苏糖醇是一种小分子的还原剂，抗坏血酸(Vc)也是一种还原物质，在培养基中加入上述两种物质后可以与氧化产物醌发生作用，使其重新还原为酚，产生抑制褐化的作用。另一方面抗坏血酸 Vc 在酶的催化下能消耗溶解氧，使酚类物质因缺氧而无法氧化，因此抑制效果更好。活性炭是一种和 PVP 一样具有较强吸附性的物质，它可以吸附酚、醌等有害物质，从而有效地降低褐变率。活性炭在吸附时不具有选择性，在吸收有害物质的同时也将吸附培养基中的其他物质，如生长调节物质等。因此，在加入活性炭的培养基中应适当改变生长调节剂的配比，使得在抑制褐变的同时，能够保证外植体正常地生长和发育。

表 5-11　防酚氧化物对褐变的影响

处　理	褐变率(%)			
	1	2	3	平均
二硫苏糖醇(0.5mg/L)	50.4	55.3	57.2	54.3
抗坏血酸(5mg/L)	41.9	37.9	48.9	41.9
活性炭(2g/L)	52.8	47.6	42.7	47.7
对　照	85.3	89.4	86.1	86.9

5.4.3　培养条件对控制褐变的影响

植物组织培养中温度和光照也是影响褐化的重要环境因素。试验结果表明(表 5-12)，遮光处理使褐化率降低为 78.1%，与对照相比褐变率降低 10.8%；遮光与低温同时处理，可以加强外植体褐化抑制效果，使其褐变率降低为 64%，降幅为 24.9%。低温和暗培养可以降低褐变率是因为在酚类物质氧化形成醌类过程中，有许多酶系统参与，如多酚氧化酶(PPO)。而大多数酶系统是具有光活性的，同时需要适宜的温度，黑暗的环境和较低的温度会使酶活性降低，减少酚类的氧化，抑制褐变的发生。因此，低温遮光处理，在 15℃ 条件下遮光 15d 后转入 25℃ 的全光照下培养是较好的抑制多瓣红花玉兰褐化的措施。

表 5-12　低温和遮光处理对褐化控制的影响

处理	褐变率(%)			
	1	2	3	平均
遮光处理	75.3	80.8	78.3	78.1
遮光低温处理	64.5	59.4	68.1	64.0
对照	87.9	88.3	90.4	88.9

5.5　初代培养和抑制褐化培养基的筛选

将灭菌后的带芽茎段接种到 MS 附加 6-BA、NAA，Vc 和 AC 不同组合的初代培养基上培养，10d左右，叶芽迅速膨大萌发新叶，90%的外植体可以完成启动生长。添加了植物生长调节剂后外植体的成活率有明显的提高（表5-13），与对照（处理1）相比差异显著，方差分析可知，激素种类和浓度对多瓣红花玉兰外植体初代培养产生显著影响，处理5、6、7、9、10的成活率较高，可达到了85%以上，与处理2、3、4、8差异显著，五种处理间无明显差异，其中成活率最高的处理出现在9号（MS+2.0mg/L6-BA+1.5mg/LNAA）88.3%，高于对照77.7%。生长调节剂6-BA低于1mg/L时外植体的成活率低，当其浓度为1.5～2.0mg/L时，成活率较高，效果较好。在培养基中添加了防褐剂Vc和吸附剂AC后，与对照组1号相比，褐化率有明显下降，其中效果比较好的是处理9（Vc 5mg/L+AC 3mg/L）和处理10（Vc 6mg/L+AC 2mg/L），分别为25.1%、32.7%，同比对照下降了54%～61%。防褐剂Vc的防褐化效果要比吸附剂AC好，前者的褐化率为50%左右，后者的褐化率为70%～80%。两者结合使用效果最好，褐化率为25%～40%。

表 5-13　初代培养和抑制褐化体系的建立

处理号	植物生长调节剂组合（mg/L）		防褐、吸附剂（g/L）		褐化率（%）	成活率（%）
	6-BA	NAA	Vc	AC		
1	0	0	0	0	86.3	10.6a
2	0	1	0	1	80.6	52.5b
3	0	1.5	0	3	56.3	53.0b
4	0	2	0	5	78.3	60.9b
5	1.5	0.5	3	0	56.4	70.8c
6	2.0	1.0	5	0	53.9	85.4c
7	2.5	3.0	8	0	50.3	83.9c
8	1.0	1.5	3	1	40.8	48.6b
9	2.0	1.5	5	3	25.1	88.3b
10	2.0	3.0	6	2	32.7	87.9b

5.6　带腋芽茎段器官发生途径

5.6.1　植物生长调节剂浓度和配比对增殖系数的影响

增殖培养是组织培养的关键步骤，而增殖系数是衡量增殖速度的一个重要指标，激素是影响增殖系数高低的重要因素。将经初代培养的外植体转接到MS附加6-BA和NAA不同组合的培养基上培养，15d后，绝大多数外植体进入快速增殖阶段。结果见表5-14，当6-BA细胞分裂素浓度为0.1、0.5、1.0mg/L时；NAA生长素浓度分别从0.05mg/L增加到0.5mg/L，增殖系数从1.6增至4.4，呈现明显的递增趋势；反之，当NAA生长素浓度一定时，随着细胞分裂素6-BA浓度的增加，增殖系数也呈现相同趋势。说明在一定浓度范围内，增殖系数与植物生长调节剂（激素）浓度呈现正相关关系。当激素浓度超出一定范围时，6-BA浓度为1.5mg/L或NAA浓度为0.5mg/L时，结果表明增殖系数并未随着植物生长调节剂浓度的增加呈现明显递增规律，说明多瓣红花玉兰外植体增殖速度并不取决于细胞分裂素和生长素浓度的绝对大小，其浓度的配比可能是影响其增殖系数的重要原因，当细胞分裂素/生长素为 5∶1 和 2∶1 时(处理 11 和 12)，增殖系数较高，可达到 4.2 和 4.4；当细胞分裂素/生长素为 30∶1 和 15∶1 时(处理 13 和 14)，虽然相对于处理 11 和 12，细胞分裂素激素浓度有所增加，但增殖系数并未增加，反而减小。方差分析可知(表 5-14)，植物生长调节剂种类和浓度的不同配比对带芽茎段的增殖系数产生显著性差异，试验号为 11、12 的两种处理，当 6-BA 浓度为 1.0mg/L，NAA 浓度为 0.2 和 0.5mg/L，细胞分裂素浓度/生长素浓度为 5∶1 和 2∶1 时，增殖系数较高，分别为 4.2 和 4.4，与其他各处理产生显著差异。试验结果表明：在用 MS 做基本培养基时，利用 BA 和 NAA 对多瓣红花玉兰带芽茎段器官发生途径进行增殖时以 MS+6-BA 1.0mg/L+NAA0.2mg/L 最为适宜。在这种处理的培养基上，外植体不仅能增殖较快，且能迅速进行伸长生长。

纵观以下 16 种处理，增殖系数从 1.6 至 4.4，虽然通过调节植物生长调节剂浓度显著提高了多瓣红花玉兰带芽茎段器官发生的增殖系数，但其总体还处于较低水平，与草本或其它易于组织培养的木本植物如杨树、桉树等相比，增殖系数还较小。造成这一现象的原因一方面由于木兰科植物是较原始的木本植物，其生理和生物学特性决定了在组织培养技术上的巨大难度；另一方面也由于多瓣红花玉兰是一个新种，在组织培养方面没有先例，对生长调节剂在增殖方面的效果还处于摸索阶段，在后续的试验中可以通过改变激素种类和精确其浓度等方面入手，以期筛选出更加适宜的培养基，提高多瓣红花玉兰的增殖系数。

表 5-14　不同培养基对多瓣红花玉兰增殖系数的影响

试验号	6-BA (mg/L)	NAA (mg/L)	增殖系数			
			1	2	3	平均
1	1(0.1)	1(0.05)	1.3	1.5	1.9	1.6a
2	1(0.1)	2(0.1)	1.8	2.4	2.8	2.3b
3	1(0.1)	3(0.2)	1.7	2.5	1.8	2.0b
4	1(0.1)	4(0.5)	2.0	3.1	2.7	2.6b
5	2(0.5)	1(0.05)	2.5	2.0	2.6	2.4b
6	2(0.5)	2(0.1)	3.1	2.6	3.0	2.9bc
7	2(0.5)	3(0.2)	3.2	1.9	2.5	2.5b
8	2(0.5)	4(0.5)	2.0	3.5	4.1	3.2cd
9	3(1.0)	1(0.05)	3.3	3.7	4.5	3.8d
10	3(1.0)	2(0.1)	3.1	3.6	3.0	3.2cd
11	3(1.0)	3(0.2)	3.5	4.8	4.3	4.2e
12	3(1.0)	4(0.5)	3.8	4.2	5.1	4.4e
13	4(1.5)	1(0.05)	3.7	3.5	3.2	3.5d
14	4(1.5)	2(0.1)	3.4	3.2	3.0	3.2cd
15	4(1.5)	3(0.2)	3.9	3.7	3.2	3.6d
16	4(1.5)	4(0.5)	3.1	2.9	3.4	3.1c

5.6.2 继代周期对褐化率的影响

由时间与多瓣红花玉兰继代试管苗褐化率关系(图5-2)可知，外植体褐化率随时间呈现逐渐递增的趋势，0~7天外植体无褐化现象，8~30天外植体开始褐化，但褐化速度较平缓，褐化率在30%以内，30天以后，外植体褐化率急剧增长，速度明显加快，38天后褐化率达80%以上。褐变的诱发因素是复杂的，无论是内在因素如试管苗的生理状态、基因型、营养状况、生长部位，还是外部因素如：培养基的成分、硬度、生长调节剂的含量和比例、培养条件等，都会造成褐变的发生。分析认为，随着继代周期的延长，一方面培养基营养物质的消耗致使试管苗的营养水平状况不佳，长势开始出现衰退，而造成褐化现象严重，另一方面也可能由于随着培养时间的延长，生长调节剂浓度和比例、培养基的PH、硬度都发生了一些变化，而正是这种内外因素共同作用造成多瓣红花玉兰试管苗在继代30天后开始达到褐化严重的高峰期。因此，研究认为为了防止多瓣红花玉兰试管苗褐化，应在外植体培养接种30天左右及时进行下一代的转接和继代培养。

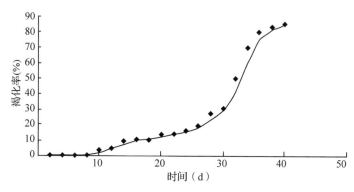

图 5-2   时间对褐化率的影响

5.6.3 继代次数对增殖系数的影响

在组织培养中，随着继代次数的增加，试管苗的增殖系数是有一定变化的，本试验对多瓣红花玉兰的前6代试管苗的增殖系数进行了调查和记录。由图5-3可知，在前4代随着继代次数的增加，增殖系数可以从3.2增加至4.9，有明显的递增趋势，在第四代达到最高峰；但之后随着继代次数的继续增加，试管苗的增殖趋势逐渐趋于缓慢下降，但下降速度要稍小于前4代。这表明多瓣红花玉兰试管苗在同一培养基上的增殖系数是不能随着继代次数的增加而呈现无限扩大的趋势，增殖系数随着继代次数呈现单峰曲线的变化趋势。分析认为：造成这一现象的主要原因是与试管苗的内源激素含量的变化有关的，随着继代次数的增加，试管苗对外源激素的依赖性逐渐增强，内源激素与外源激素的相互依赖关系也在逐渐发生变化，许多试验表明试管苗对外源激素的依赖性是和继代次数呈现正相关的。对于多瓣红花玉兰试管苗的内源激素随着继代次数发生如何变化，以及如何在增殖高峰后调整培养基以提高增殖系数等问题还需要通过进一步的试验来探讨和说明。

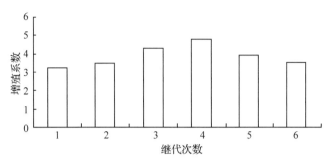

图 5-3　不同继代次数对多瓣红花玉兰增殖系数的影响

将初代培养无菌苗转接到 MS 附加不同种生长调节剂的诱导培养基中(表 5-15)，10d 后在外植体的腋芽周围和茎段底部产生少量的白色愈伤组织，这种愈伤组织不能继续分化，经过一周左右自行褐化死亡。20d 后，在外植体茎段底部产生大量的绿色愈伤组织，表面有颗粒状的小突起，继续培养，30d 后，这样的愈伤组织随着时间的推移有褐化现象开始发生，所以在进行多瓣红花玉兰植物组织培养时，及时转接是一种有效的防止褐化的手段和方法。由表 5-15 可知，植物生长调节剂浓度和种类对试管苗的出愈率产生显著差异，处理 7、8、9 出愈率较高，与其他各处理在 $P<0.05$ 水平上显著差异。适合多瓣红花玉兰带芽茎段外植体愈伤组织诱导的植物细胞生长素 NAA 的浓度为 1.5~2.5mg/L，细胞分裂素 6-BA 的浓度为 8~12mg/L，KT 的浓度为 3.5~5mg/L，其中出愈率最高的为处理 9 (MS+6-BA 12mg/L +KT5mg/L)出愈率为 45.4%。试验表明，6-BA 细胞分裂素的出愈率效果远低于激动素 KT，浓度低于 2mg/L 的 6-BA 处理时，试管苗的出愈率低于 5.0%，激动素 KT 可以明显增加多瓣红花玉兰带芽茎段的愈伤组织诱导率，单独使用浓度为 1mg/L KT 时可使外植体的出愈率达到 12.8%，而单独使用 1mg/L 6-BA(0.93%)的出愈率仅 0.93%。分析可知，两者结合使用的愈伤组织诱导率(处理 5~9)均比单一使用一种植物生长调节剂诱导率(处理 1~4)高，说明不同种细胞分裂素的结合使用效果更佳。

表 5-15　生长调节剂对愈伤组织的诱导

处理	植物生长调节剂组合(mg/L)			接种外植体数	愈伤个数	出愈率(%)
	6-BA	KT	NAA			
1	0	0.5	0.1	45	0	0.73a
2	1	0	0.2	45	0	0.93a
3	2	0	0	49	2	4.1a
4	0	1	0.5	55	7	12.8ab
5	3	2	0.8	46	10	21.9bc
6	5	3	1.2	36	11	30.4cd
7	8	3.5	1.5	34	13	38.5de
8	10	4	2	28	12	42.2de
9	12	5	2.5	33	15	45.5e

5.7 生根培养初探

5.7.1 不同植物生长调节剂种类和浓度对生根的影响

将带芽茎段继代增殖培养产生的不定芽(试管苗)接种到 MS 附加 NAA, 6-BA 和 IBA 不同组合的培养基上培养，结果见表 5-16。经过 30~40d 的观察多瓣红花玉兰试管苗并未有不定根产生，在处理 12、13 和 14 中试管苗茎基部产生较多的愈伤组织，1/2MS 培养基相对于 MS 培养基更易于产生愈伤组织，但在大部分的培养基中都只是产生少量的愈伤，在一部分培养基中茎基部呈现膨大或无任何反应的现象。试验观察发现即使在试管苗基部周围产生了较多的愈伤组织，但其颜色多为轻微褐色，有部分颗粒状突起，分化特征不是很明显，褐化速度较快，在产生愈伤组织起始，愈伤数量较少时，愈伤组织就开始从外围向中心变黑，产生褐化。

表 5-16　不同激素种类和浓度对生根的影响

处理	培养基类型	NAA(mg/L)	6-BA(mg/L)	IBA(mg/L)	根部愈伤情况
1	MS	1	0	0	无反应
2	MS	2	0.5	0	无反应
3	MS	3	1	0	根部膨大
4	MS	1	0	0.5	根部膨大
5	MS	1	0	1	少量愈伤，褐化
6	MS	1	0.5	2	少量愈伤，褐化
7	1/2MS	1	0	0	少量愈伤，褐化
8	1/2MS	2	0.5	0	少量愈伤，褐化
9	1/2MS	3	1	0	少量愈伤，褐化
10	1/2MS	1	0	0.5	少量愈伤，褐化
11	1/2MS	1	0	1	根部膨大，中量愈伤，褐化
12	1/2MS	1	0.5	2	根部膨大，中量愈伤，褐化
13	1/2MS	2	1	1	根部膨大，中量愈伤，褐化
14	1/2MS	2.5	0	3	根部膨大，中量愈伤，褐化
15	1/2MS	1	0	4	少量愈伤，而后褐化枯死
16	1/2MS	2	0	5	少量愈伤，而后褐化枯死

5.7.2 对多瓣红花玉兰试管苗难生根原因的分析和探讨

组织培养中试管苗诱导产生的不定根是由其组织中不定根原基发育而来的，因此诱导试管苗生根最关键的步骤就是对不定根原基的诱导。通过对多种植物的生根解剖学形态观察发现，不定根原基可分为潜伏根原基和诱导根原基 2 种类型。潜伏根原基指在扦插或者将试管苗接入生根培养基以前，枝条或试管苗茎基部内就有根原基存在，只是处于休眠状态，离体后在适当的环境的刺激下就可打破休眠继续发育成不定根，扦插易成活和易诱导生根植物都属于此种类型。诱导根原基是指在扦插或诱导生根过程中通过诱导而形成的根原基。木兰科植物一般都属于此种类型，不定根的起源与发育过程需要通过外源激素和培养条件等环境因素共同作用而形成(王清民，2006)，因此多瓣红花玉兰从根原基形成方面来讲属于难生根的树种。

另外，树种的根原基起源位点及其数量也是影响植物离体生根的重要因素，它因树种的不同而有所差异。有些树种不定根起源于维管形成层及附近薄壁细胞区域，或只在髓射线与形成层交叉部位形成，而有些树种如桉属树种不定根原基在愈伤组织、维管形成层和叶隙薄壁组织细胞等部位均可产生根原基。许多种类植物经过人工诱导后，根原基可以从维管形成层、韧皮薄壁组织细胞、韧皮射线和愈伤组织等多个部位发生。由此可见，起源位点的数量也是决定植物是否易生根的一个重要因子，根原基起源位点多的植物较起源单一的植物在生根方面占据较大优势。通过对杂种鹅掌楸等木兰科植物生根显微观察发现，多数木兰科植物不定根原基一般起源于维管束形成层细胞，尤其是髓射线正对的形成层部分，而且是单位点诱发生根，不定根无论是从切口或愈伤组织伸出，还是从皮孔伸出，根原基均发生于维管形成层及其附近的薄壁细胞(张晓平，2003)。由此推断木兰科植物多瓣红花玉兰生根诱导中根原基位点发生较单一也很可能是形成生根困难的又一重要原因。

研究表明，不定根的发生同愈伤组织产生的关系较为复杂，可分为愈伤组织生根类型和非愈伤组织生根类型。对于前者，愈伤组织的产生是不定根发生的决定因素，因此，愈伤组织的产生对不定根的发生来说是非常必要的条件。对于后者而言，有时在插穗或茎基部也会产生愈伤组织，但解剖观察在愈伤组织中未发现有不定根的形成。

对于木兰科植物来讲，不定根与愈伤组织的关系是由愈伤组织的发育程度决定的。有研究表明木兰科植物杂种鹅掌楸扦插时愈伤组织的起源与发育较不定根发生发育要早，在春插时，愈伤组织产生较少，对不定根产生的影响不大，而在夏插时，插穗可较快产生愈伤组织，少量的愈伤组织可防止细菌侵入，有利于不定根的产生(张晓平，2003)。对于多瓣红花玉兰根部愈伤组织的产生是否与不定根有较密切的关系，是否是不定根发生的先决条件，还需在后续的进一步试验中加以阐述和证明。

组织培养中，形态发生和生根诱导都是通过外源生长调节剂(激素)来改变内源激素的水平、调节内源激素的平衡进而达到对细胞分化和发育产生诱导作用而形成的。在生根培养的前期，生长素是刺激试管苗茎基部产生根原基的关键因素，生长素具有调节细胞分裂周期实现细胞的有序分裂，与茎基部根原基的发端密切相关(郑钧宝，1991)。许多试验表明单枝苗的生根效果明显优于丛生状苗，就是因为丛生状植株中生长素等植物激素在植株体内的分布多集中在各个枝条的顶端，而相应地减少了其在根部的分布，从而影响了根的生成。生长素的浓度和刺激时间是诱发产生根原基的重要因子，只有在适当的时机，通过对生长素等外源激素的调节使内源激素的平衡发生变化，产生对茎基部形成层细胞或附近的薄壁细胞的刺激，诱导细胞分化而产生根原基。但许多树种在生根后期，即产生根原基后，生长素又对根的生长产生抑制作用，所以生长素等各生长调节剂的刺激时间也是能否生根成功的关键。

总之，不定根的形成是一个极其复杂的过程，对于像多瓣红花玉兰这种难生根树种，除受上述因素影响之外，试管苗的生理和营养状态如碳水化合物与单宁的比值，继代次

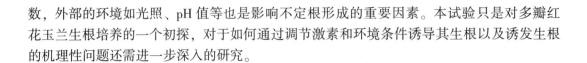
数，外部的环境如光照、pH 值等也是影响不定根形成的重要因素。本试验只是对多瓣红花玉兰生根培养的一个初探，对于如何通过调节激素和环境条件诱导其生根以及诱发生根的机理性问题还需进一步深入的研究。

5.8 小结

5.8.1 结论

随着生物技术在实际生产中的不断应用，组织培养技术已成为规模化育苗、植物大面积推广的有效手段，而像多瓣红花玉兰这样林下更新困难、种质资源珍贵且濒危的树种，组织培养的研究对于其应用价值和经济价值的开发具有更深远的意义。本章以多瓣红花玉兰为研究对象，在最佳外植体选择与灭菌、基本培养基的筛选、抑制褐化体系的建立、初代培养，以及对外植体在器官直接发生途径诱导等方面进行了研究。主要结论如下：

(1)最佳外植体的选择：适合多瓣红花玉兰进行组织培养的最佳外植体为带芽茎段，最佳的取材时间为 9 月，此时取材外植体褐化率降低 5%，与 10 月取材相比，成活率提高 10%。在保证一定成活率的情况下，多瓣红花玉兰材料的年龄越小，材料越嫩，褐化越严重。

(2)最佳消毒灭菌体系的建立：带芽茎段最佳的灭菌方法是以 75%酒精浸泡 30s 后无菌水冲洗 3~4 次，然后以 10%NaClO 灭菌 10~20min 再以无菌水冲洗 4 次。这样的消毒过程对植物材料伤害较小，灭菌较彻底，污染率较低，成活率高于 85%左右。

(3)最佳基本培养基的选择：含有高浓度离子的 MS 培养基相对于 1/2MS 和 WPM 培养基更适合多瓣红花玉兰外植体的启动生长和培养，MS 培养基含有较高浓度的 NH_4^+、NO_3^-、K^+，利于多瓣红花玉兰的组织和细胞快速生长，在碳源对比试验中，蔗糖比白砂糖和果糖更适合做多瓣红花玉兰的碳源，碳源浓度为 30g/L 对外植体的生长更有利。

(4)抑制褐化体系的建立：褐化是影响多瓣红花玉兰组织培养各个环节和过程的重要因素。试验通过对外植体预处理、添加试剂和改变环境条件的方法降低了多瓣红花玉兰褐化的发生率，在接种前将枝条浸在 PVP 溶液中切割、冷藏枝条 4h，在培养基中添加 5mg/L 的抗坏血酸或 2g/L 的活性炭均可取得良好的抑制褐化的效果。另外，温度和光照也是影响多瓣红花玉兰褐变的重要因子，在 15℃条件下遮光 15d 后转入 25℃的全光照下培养是较好的抑制多瓣红花玉兰褐化的措施。

(5)以多瓣红花玉兰带芽茎段为外植体进行组织培养时，最佳的初代培养基为 MS+6-BA 2.0mg/L+NAA 1.5mg/L+VC 5mg/L+AC 3mg/L，成活率可达到 88.3%，通过向培养基中添加 5mg/L 的 Vc 和 3mg/L 的 AC 可将褐化率降低为 25.1%。

(6)利用植物生长调节剂 6-BA 和 NAA 对多瓣红花玉兰试管苗进行诱导增殖时以 MS+6-BA 1.0mg/L+NAA 0.2~0.5mg/L 培养基最为适宜，增殖系数最高可达 4.4，试管苗既能增殖较快又能迅速伸长生长。继代次数对增殖系数有较大影响，随着继代次数的增加，增殖系数呈现先递增达到高峰后逐渐递减的单峰趋势。时间对外植体褐化率影响显著，在培养的第一周，试管苗的褐化率较低，但随着培养时间的增加，褐化速率急剧上升，呈现 J 型曲线趋势。

(7)在多瓣红花玉兰离体培养中，适合多瓣红花玉兰带芽茎段外植体愈伤组织诱导的植物细胞生长素 NAA 的浓度为 1.5~2.5mg/L，细胞分裂素 6-BA 的浓度为 8~12mg/L，KT 的浓度为 3.5~5mg/L，最佳的诱导培养基为 MS+6-BA 12mg/L+KT 5mg/L+NAA 2.5mg/L，出愈率可达到 45.4%。相对于 6-BA 细胞分裂素，激动素 KT 可以明显提高多瓣红花玉兰带芽茎段的愈伤组织诱导率，而且两种植物调节剂结合使用效果明显高于单独使用。

5.8.2 讨论与建议

5.8.2.1 最佳外植体的选择

选择最佳外植体是进行植物组织培养建立无菌体系及植物再生的关键一步。虽然理论上讲所有的植物细胞都具有"全能性"，即植物的任何器官都可以作为外植体，但不是所有的细胞都能够在离体的状态下将这种潜力发挥出来，因此正确选择那些容易在培养时发生反应的外植体不仅可以使组织培养工作顺利展开，而且可以让整个研究取得事半功倍的效果。茎尖、叶芽、带芽茎段是木兰科植物组织培养时常用的外植体类型，在适宜的条件下可较快诱导出丛生芽或愈伤组织。在目前研究中，人们对木兰科鹅掌楸属的杂交鹅掌楸树种的研究较为深入(田敏，李纪元，范正琪，2005；刘根林，2000)，利用叶片、茎段、叶柄及芽基部均建立了其器官发生的再生培养体系。这一方面是跟杂交鹅掌楸树种本身的类型有关，另一方面也说明通过调整离体培养基诱导植物细胞建立分化再生能力的重要性。除了外植体类型，外植体的来源、生理状态、大小、发育年龄等均是在选择适宜外植体时应考虑因素，本研究中一直试图通过培养多瓣红花玉兰无菌苗这一途径来减小外植体的生理年龄，提高其再生能力，同时可以避免消毒灭菌对材料造成的损失和伤害，但由于种子本身的特性及质量等问题，置于培养基中的种子不能发育成苗，95%以上的种子失水死亡。建议在后续的试验中，可通过提高种子质量、对种子进行适当的预处理等方法提高无菌苗的成苗率，从而满足培养材料的数量要求，为后续的环节奠定良好的基础。

5.8.2.2 抑制褐化体系的建立

在导致褐变的诸多因素中，离体组织的膜结构破坏或细胞中物质区域化分布的破坏是导致组织发生酶促氧化褐变的关键因素。褐变主要发生在外植体、愈伤组织继代、细胞培养以及原生质体的分离与培养中。多瓣红花玉兰的褐变主要发生在外植体和初代培养中，通过对外植体进行预处理，添加吸附剂和褐变抑制剂以及改变培养环境等方法有效降低了褐变率，在继代和诱导培养中只要注意培养周期，及时迅速将材料转移至新鲜培养基中就可较好地抑制试管苗的褐化。另外，取材时间、外植体的生理状态、培养基的成分、消毒灭菌剂的种类和时间、接种中的细节处理等也在一定程度上影响褐化率，如接种中多瓣红花玉兰外植体的机械损伤程度越大，切口不平整、酒精消毒后无菌水振荡淋洗不充分，以及灭菌后不做新鲜切口处理等都可加重多瓣红花玉兰的褐化程度。因此，除通过常规方法进行褐化抑制外，还应注重细节的处理和接种操作的严谨性，避免技术上的不规范引起的结果偏差和不良的试验效果。

5.8.2.3 愈伤组织的诱导

植物生长调节剂对外植体的发育方向具有调控作用，最佳种类、浓度和配比应根据外植体种类、来源、试管苗发育阶段、培养目的等进行筛选。植物生长调节剂对外植体或试管苗生长的调控作用主要体现在对内源激素的浓度或分布变化的诱导上，使其向更有利于目标器官分化的方向发展。木兰科植物愈伤组织诱导采用的细胞分裂素多为 6-BA，对于其它细胞分裂素的研究较少（谭泽芳，洪亚辉，胡超，2003；王琪，王品之，李映丽，2001）。本研究表明 6-BA 和 KT 的配合使用在多瓣红花玉兰愈伤组织诱导中能取得较好的效果。6-BA 和 NAA 组合多用于植物愈伤组织诱导，本研究表明当细胞分裂素 6-BA 和 KT 与生长素 NAA 浓度的比例分别为 5∶1 和 2∶1 左右时，愈伤诱导率较高，愈伤组织长势较好。试验也尝试愈伤组织再分化，采用不同激素组合对愈伤组织进行诱导培养，未成功诱导出不定芽，部分愈伤组织的表面仅仅出现了一些绿色的小点，但未见不定芽分化。这是否与细胞分裂素的使用浓度较高有关，还有待进一步试验分析。

5.8.2.4 生根的诱导

生根一直是木兰科植物离体快繁组织培养中存在的主要问题之一。对不定根进行诱导时，常使用低浓度或高浓度的生长素进行长期或短时间的诱导，有时配合使用细胞分裂素，但浓度非常低。大多数研究表明，生根常采用的生长素为 IBA、NAA、IAA 三种，使用单一生长素时，IBA 诱导效果最好（续九如，2003）。目前木兰科植物中通过形态发生诱导生根成功的例子仅见于广玉兰和杂交鹅掌楸，谭泽芳、洪亚辉、胡超（2003）在对广玉兰进行诱导生根时发现少量的 NAA（0~1mg/L）有助于根的诱导，当配合使用细胞分裂素 6-BA（1.5~2mg/L）时可诱导愈伤组织生根，这一结果与理论上认为的高浓度生长素低浓度细胞分裂素是诱导生根的基本条件相悖，具体原因还有待进一步分析。陈金慧、施季森、诸葛强（2003）是以杂交鹅掌楸幼胚为外植体，进行体细胞胚诱导发生而建立起的再生体系，从而避免了器官发生诱导生根的难题。本试验中仅诱导出少量的多瓣红花玉兰根部愈伤组织，且生长状况不好，极易褐化，很难再继续进行下一步的分化诱导，分析认为这主要源于多瓣红花玉兰是诱导根原基类型树种，且根原基发生位点单一。作者认为，通过形态诱导发生这一途径诱导多瓣红花玉兰生根是比较困难的，需要在后续试验中尝试更多的植物生长调节剂种类和浓度的配比。试验也试图通过体细胞培养来建立多瓣红花玉兰再生体系，但由于胚性材料获取不成功，未能诱导分化出体胚，在后续的研究中如果能突破体细胞胚胎发生这一难关，就可避免离体再生中生根这一难题，将成为多瓣红花玉兰离体培养再生体系建立的良好途径。

总之，木本植物组织培养的成功是一系列因素共同作用和影响的结果。外植体自身的基因型、发育阶段和生理状态是决定组织培养成功的关键，培养基种类和植物生长调节剂决定了外植体的生长和发育方向，是诱导分化建立植株再生体系的关键因子，培养基中的其他物质和外部的培养环境对外植体的生长起优化和调节作用。

第 6 章
胚性愈伤组织的诱导技术研究

木兰科植物是双子叶植物木兰亚纲中的一个最原始的类群之一，所以木兰科植物在整个植物的进化系统中具有非常重大的意义。而近年来木兰属的一个新种——红花玉兰的发现又为木兰科增加了一名新成员。

调查研究表明，红花玉兰野生资源仅分布于湖北五峰县海拔 2000m 左右的高山地带，性喜光，较耐寒，忌低湿，否则易烂根，喜肥沃、排水良好的微碱性土壤或微酸性砂质土壤。红花玉兰雌雄花期不同导致的种子结实率低、坚硬的种子外壳、种子休眠、种子易发霉等诸多特性导致播种育苗技术受到一定的限制，学者也对促进播种育苗技术进行了探索（郝跃等，2010）。近年来一些工作人员主要通过一些扦插和嫁接等无性繁殖手段来弥补种子繁殖周期长、成苗率低等缺陷，并且已经成功培育出'娇红 1 号'、'娇红 2 号'、娇姿、娇菊、娇艳等多个品种以及即将面世的 6 个新品种。

除了扦插、嫁接等无性繁殖手段外，植物组织培养技术已经在很多植物繁殖方面达到成熟。木兰科玉兰属的白玉兰、木兰属的紫玉兰和二乔玉兰等都通过顶芽诱导芽丛生、叶片诱导愈伤再诱导芽分化，以及茎尖芽分化等不定芽分化试验，并成功诱导幼苗生根、移栽成活（周丽华等，2002；陆秀君等，2009；李艳等，2005；孟雪，2005）；马英姿等探索出凹叶厚朴（*Magnolia officinalis*）的幼茎和下胚轴是诱导愈伤组织最好的外植体材料（马英姿等，2014）；黄树军等对厚朴苗进行了芽诱导、增殖、生根、移栽（黄树军等，2014）；邓小梅等对乐东拟单性木兰（*Parakmeria lotungensis*）也进行芽增殖等一系列试验（邓小梅等，2007）；陈芳等对云南拟单性木兰（*Parakmeria yunnanensis*）的茎尖和带腋芽茎段外植体，进行芽分化、根诱导和定植（陈芳等，2005）；杜凤国等对天女木兰（*Magnolia sieboldii*）进行芽分化、诱导生根（杜凤国等，2006）；孙铭鸿等采集了天女木兰的幼嫩茎段为试验材料，通过脱分化进行愈伤组织的诱导、再分化出不定芽、诱导不定芽生根、进一步使试管苗生根，最后将试管苗进行移栽与定植并成功的研究，建立起以茎段为起始材料的天女木兰的再生技术体系（孙铭鸿等，2012）；广西珍贵树种灰木莲（*Manglietia glance*）的带芽茎段被作为外植体，诱导芽增殖、诱导生根（乔梦吉，2013）；怀慧明通过带芽茎段进行器官发生途径，诱导出愈伤组织（怀慧明，2011）。通过以上研究结果，我们可以发现，木兰科组织培养大多都通过带芽茎段、顶芽、茎尖等进行不定芽的诱导，再对不定芽进行诱导生根的器官发生途径。

体细胞胚胎发生作为组织培养中类似合子胚发生过程的一种无性繁殖技术，近年来已经越来越多的应用到植物的组织培养中。使用最多的外植体是种子，因为相对于其他的茎段、叶片、花瓣等外植体，种子的分化程度更低，更有利于进行体细胞胚胎发生。陈金慧等利用杂交鹅掌楸的未成熟种子系统地进行了体细胞胚胎发生途径，并成功进行植株再生（陈金慧等，2003）；Merkle 等人在北美鹅掌楸、大叶木兰（*Magnolia macrophylla*）、金字塔木兰（*Magnolia pyramidata*）、杂交鹅掌楸、日本厚朴（*Magnolia obovata*）等树种中也利用其未成熟种子进行了体胚发生，取得一定的效果（Merkle et al.，1986，1993，1994；Kim et al.，2007）。体细胞胚胎发生相对于植物的器官发生而言具有很明显的优点：植物体的所有器官、组织等都是由胚发育而来，因此胚的分化程度最低，变异性也最小，其遗传物质的传递相对较稳定，进而实现全能性表达。一般来说，只有那些未经过畸变或变异很小的细胞才能形成体细胞胚；而对于器官发生来说，其本身就是由两性细胞结合之后再分化出特定的器官，其分化程度已经很高，再使其脱离分化就非常难了。鉴于体细胞胚胎发生所具有的优点与潜能，以及前人成功的经验，本研究即以红花玉兰'娇红 1 号'的未成熟种子进行体细胞胚胎发生研究，对诱导的两种愈伤组织进行生理生化、细胞组织结构等的差异分析，以便对体胚的诱导提供科学依据。

6.1　木本植物体细胞胚胎发生概述

6.1.1　木本植物体细胞胚胎发生研究进展

6.1.1.1　理论基础

体细胞胚胎发生，简称体胚发生。该思想来源于植物细胞全能性这一概念。细胞全能性是指植物体的每一个细胞都具有植物生长发育所具有的全套遗传基因，只要在适当的温度、湿度、营养等合适的离体培养条件下都具有发育成完整植株的能力。体胚发生即植物有生命活力的细胞、组织和器官等在适宜的离体培养条件下发生的类似合子胚发育的过程。与合子胚的形成相比较，体胚形成过程没有经过雌雄生殖细胞的结合，即没有经过受精作用，而是起源于一个非合子细胞，但经过了胚胎发生过程所形成的具有双极性的胚状结构，统称为胚状体（embryoids）或体细胞胚（somatic embryos）。体细胞胚胎发生具有 3 个明显的特征：①它与合子胚不同，因为它不是雌雄两性细胞融合的产物；②它不同于孤雌胚或者孤雄胚，因为它不是无融合生殖的产物；③体细胞胚胎发生所形成的植物器官、植物体不同于通过器官发生途径形成的根、茎、芽等器官，它虽然同样形成了各种诱导器官，但是由于体胚发生的形成过程经历了与合子胚相似的发育过程，即合子胚在形成过程中经历的球形胚、心形胚、鱼雷型胚和子叶型胚，体胚发生也会经历同样的阶段，而且成熟的胚状体是一个双极性的结构。

植物体细胞胚胎发生具有普遍性。目前已直接或间接从上百种植物中观察到了各个阶段的胚状体，包括大多数被子植物（几乎所有重要的科）和一些裸子植物。其中草本植物以其结构简单而在体胚发生方面占优势，其体胚发生相对于木本更容易。在被子植物中，通常从花粉、助细胞和反足细胞组织物中诱导单倍性胚状体，以根、茎、叶、花、果实等器官为外植体进行培养以诱导产生二倍性胚状体，从胚乳细胞中诱导产生三倍性胚状体。相对于植物的器官发生来说，体细胞胚胎发生具有其没有的很多优点，如：诱导出的多个个体间遗传背景更为一致、变异小、发生量大、结构完整等（刘志学，1990；黄百渠，1991），在植物的无性系快繁和生物遗传工程等方面的作用已经受到高度重视（奚元龄等，1992；Murray，1991；Bhojwani，1990）。

6.1.1.2　国内外研究进展

早在 20 世纪初，Hanning E 培育出了萝卜和辣椒胚，使得离体胚培养就有了近百年的历史，这也为体细胞胚胎发生这一关键技术奠定了坚实的基础。莱巴赫用胚胎培养技术解决了某些植物的杂交种子不能萌发的问题，使胚成熟得到完整植株，他的研究成果为胚培养克服杂交性障碍奠定了基础，从而也开创了将离体胚培养应用于大规模生产的先河。

林木的体细胞胚发生研究始于 20 世纪 60 年代后期，并于 90 年代初得到迅猛发展并取得极大成功。Rao 在檀香（*Santalum album*）的组织培养过程中发现了胚状体结构，虽然最终没有获得再生植株（Rao，1965），但这为林木的体细胞胚胎发生提供了重要的科学依据。在之后的 1985 年，Rao 利用檀香原生质体（protoplasts）培养出了球形胚，球形胚进一步分化成熟为体细胞胚，进而发育成完整植株（Rao，1985）。之后，Hu 等人在枸骨叶冬青中以子叶为研究对象，通过直接体细胞胚胎发生实现了植株再生（Hu et al.，1971）。全世界目前已成功诱导体胚形成的多种植物中，尤其是用常规无性繁殖技术很难生根的针叶树的体胚发生取得了非常成功的进展，部分树种已经应用到生产实践中。据初步统计，已从裸子植物中的松科冷杉属、落叶松属、黄杉属、云杉属、松属等多种不同的针叶树的不同外植体上成功诱导出体细胞胚，部分见表 6-1。在被子植物中已于豆科、五加科、猕猴桃科、七叶树科、山茶科、壳斗科、芸香科、棕榈科、木犀科、木兰科、蔷薇科、杨柳科等科的部分树种组织培养中观察到体胚发生或获得再生植株，具体的树种及发生器官和培养程度见表 6-2。

表 6-1　裸子植物的体细胞胚胎发生

树种名称	科　属	外植体	研究结果
Abies fabri 白冷杉	松科冷杉属	未成熟胚	再生植株
		雌配子体	体胚发生
		成熟胚	体胚发生、再生植株
Abies balsamea 香脂冷杉	松科冷杉属	成熟胚	体胚
Sequoia sempervirens 北美红杉	松科落叶松属	成熟胚、下胚轴子叶	体胚、再生植株
Pseudotsuga menziesii 花旗松	松科黄杉属	未成熟胚	体胚、再生植株、田间试验
Pinus yunnanesis 云南松	松科松属	成熟胚	再生植株
Pinus taeda 火炬松	松科松属	雌配子体	体胚、再生植株、田间试验
		雌配子体	体胚
		未成熟胚	体胚、再生植株、田间试验
Pinus strobus 美国五针松	松科松属	雌配子体、未成熟胚	体胚

续表

树种名称	科　属	外植体	研究结果
Pinus serobus 晚松	松科松属	雌配子体	体胚
Pinus nigra 黑松	松科松属	未成熟胚	体胚
Pinus massonia 马尾松	松科松属	成熟胚	再生植株
Pinus lambertian 糖松	松科松属	未成熟胚	体胚、再生植株
Pinus elliottii 湿地松	松科松属	未成熟胚	体胚
Pinus echinata 萌芽松	松科松属	未成熟胚	早期体细胞胚
Pinus caribaea 加勒比松	松科松属	雌配子体	体胚、再生植株
Picea wilsonii 青杆	松科云杉属	未成熟胚	体胚、再生植株
Picea sitchensis 北美云杉	松科云杉属	未成熟胚	体胚、再生植株、田间试验
		未成熟胚	体胚、再生植株、田间试验
		成熟胚	体胚
		成熟胚	体胚、再生植株、田间试验
Picea ruben 红云杉	松科云杉属	成熟胚	体胚、再生植株、田间试验
Picea mariana 黑云杉	松科云杉属	未成熟胚	体胚、再生植株
		未成熟胚	体胚
		成熟胚	体胚
		成熟胚	体胚、再生植株、田间试验
		子叶	体胚、再生植株
		子叶	体胚、再生植株
Picea glauca 白云杉	松科云杉属	未成熟胚	体胚、再生植株
		未成熟胚	体胚、再生植株、田间试验
		成熟胚	体胚、再生植株、田间试验
		子叶	体胚
		子叶	体胚、再生植株
Picea abies 挪威云杉	松科云杉属	未成熟胚	体胚、再生植株、田间试验
		未成熟胚	体胚
		未成熟胚	体胚、再生植株
		未成熟胚	体胚、再生植株
		未成熟胚	体胚、再生植株、田间试验
		未成熟胚	体胚、再生植株
		成熟胚	体胚、再生植株、田间试验
		成熟胚	体胚、再生植株
		成熟胚	体胚
		成熟胚	体胚、再生植株
		成熟胚	体胚、再生植株
		成熟胚	体胚、再生植株
		成熟胚	体胚、再生植株、田间试验
		成熟胚	体胚、再生植株
		成熟胚	体胚、再生植株
		成熟胚	体胚、再生植株、田间试验
		子叶期体胚	体胚、再生植株
		子叶	体胚
		子叶	体胚、再生植株
		针叶	体胚

续表

树种名称	科　属	外植体	研究结果
Larix leptolepis 日本落叶松	松科落叶松属	未成熟胚 雌配子体	体胚发生 体胚发生
Larix decidua 欧洲落叶松	松科落叶松属	雌配子体 雌配子体 未成熟胚	体胚发生、再生植株 体胚发生 体胚发生

表 6-2　被子植物的体细胞胚胎发生

树种名称	科　属	外植体	研究结果
Acacia catechu 儿茶	豆科金合欢属	合子胚	胚性细胞、体胚、次级胚、再生植株
Acacia nilotica 阿拉伯金合欢	豆科金合欢属	胚乳	愈伤、体胚、次级胚、再生植株
Acanthopanax senticosus 刺五加	五加科五加属	合子胚	体胚、次级胚、再生植株
Actinidia chinensis 中华猕猴桃	猕猴桃科猕猴桃属	叶片 叶片 胚乳	愈伤、再生植株 愈伤、原生质体、再生植株 胚胎发生、三倍体再生植株
Aesculus hippocastanum 欧洲七叶树	七叶树科七叶树属	花粉 花粉	体胚、次级胚、再生植株 体胚发生、再生植株
Albizia lebbeck 阔荚合欢	豆科合欢属	下胚轴	体胚发生、再生植株
Albizia procera 黄豆树	豆科合欢属	苗	愈伤、体胚发生、再生植株
Annona squamosa 番荔枝	番荔枝科番荔枝属	花粉	体胚发生、再生植株
Bambusa beecheyana 吊丝球竹	禾本科簕竹属	花序	愈伤、体胚发生、再生植株
Bambusa oldhami 绿竹	禾本科簕竹属	花序	愈伤、体胚发生、再生植株
Broussonetia scytophylla 小构树	桑科构属	叶片	原生质体、再生植株
Camellia japonica 山茶	山茶科山茶属	合子胚 叶片、茎	体胚、次级胚、再生植株 体胚、次级胚、再生植株
Camellia semiserrata 南花茶	山茶科山茶属	合子胚	体胚、次级胚、再生植株
Camellia sinensis 大叶茶	山茶科山茶属	合子胚 叶片	体胚、次级胚、再生植株 体胚、次级胚、再生植株
Cassia siamea 铁刀木	豆科决明属	花粉	愈伤、体胚发生、再生植株
Castanea sativa 西班牙栗	壳斗科栗属	子叶	体胚发生
Carica papaya 番木瓜	番木瓜科番木瓜属	胚珠	体胚、次级胚、再生植株

续表

树种名称	科 属	外植体	研究结果
Carya illinoensis 美国山核桃	胡桃科山核桃属	胚珠	体胚发生、愈伤、次级胚、植株 胚性愈伤、再生植株 胚性细胞团、再生植株
Citropsis gabunensis 樱桃橘	芸香科樱桃橘属	合子胚	体胚、次级胚、再生植株
Citrus aurantifolia 酸柠檬	芸香科柑橘属	珠心	体胚发生、再生植株
Citrus aurantium 酸橙	芸香科柑橘属	珠心 珠心愈伤	愈伤、体胚发生 原生质体、再生植株
Citrus maxima 柚	芸香科柑橘属	珠心	体胚发生
Citrus limon 柠檬	芸香科柑橘属	珠心 珠心愈伤	体胚发生 原生质体、再生植株
Fortunella japonica 圆金柑	芸香科金橘属	珠心 花粉	原生质体、再生植株 胚胎发生、再生植株
Fortunella margarita cv. Calamondin 四季橘	芸香科金橘属	花粉	胚胎发生、再生植株
Citrus reticulata cv. Nobilis 广西沙柑	芸香科柑橘属	珠心	愈伤、体胚发生
Citrus paradise 葡萄柚	芸香科柑橘属	胚珠、珠心 珠心愈伤	胚胎发生、再生植株 原生质体、再生植株
Citrus sinensis 甜橙	芸香科柑橘属	珠心 珠心愈伤 珠心愈伤 胚性愈伤悬浮 下胚轴愈伤 胚珠	直接体胚发生 原生质体 原生质体、再生植株 原生质体、再生植株 原生质体、再生植株 体胚发生、冷冻保存 体胚发生、冷冻保存、植株再生
Citrus reticulata cv. Unshiu 温州蜜柑	芸香科柑橘属	胚珠 胚珠	胚性愈伤、原生质体、植株 原生质体、体胚发生、植株
Carica papaya 番木瓜	番木瓜科番木瓜属	幼胚	体胚发生、再生植株
Clausena excavate 假黄皮	芸香科黄皮属	合子胚	体胚、次级胚、再生植株
Cocos nucifera 椰子	棕榈科椰子属	叶片 叶片 叶片 叶片 叶片、花序 花序 花序 花粉 主根 须根	胚胎发生 胚胎发生、再生植株、田间栽培 胚胎发生、再生植株 胚胎发生、生根 胚胎发生、再生植株、田间栽培 胚胎发生、再生植株、田间栽培 胚胎发生 胚胎发生 愈伤 愈伤

树种名称	科　属	外植体	研究结果
Coffea arabica 小果咖啡	茜草科咖啡属	胚性细胞悬浮系	原生质体、再生植株
		胚性细胞悬浮系	原生质体、愈伤、体胚发生、再生植株、转化
Corylus avellana 欧洲榛	桦木科榛属	合子胚	体胚、次级胚、再生植株
Swida polyantha 多花梾木	山茱萸科梾木属	合子胚	胚性细胞团、再生植株
Dalbergia sissoo 印度黄檀	豆科黄檀属	合子胚	体胚、次级胚
Dendrocalamus strictus 牡竹	禾本科牡竹属	种子	胚胎发生、再生植株，土壤栽培
Elaeis guineensis 油棕	棕榈科油棕属	未成熟胚	体胚发生
Fagus sylvatica 欧洲水青冈	壳斗科水青冈属	未成熟胚	胚性愈伤悬浮系、体胚发生、再生植株
Feijoa sellowiana 费约果	桃金娘科菲油果属	合子胚	体胚发生、植株再生
Fraxinus americana 美国白蜡	木犀科白蜡树属	成熟胚	体胚发生
Juglans nigra 黑核桃	壳斗科胡桃属	子叶	愈伤、体胚发生
Leucosceptrum canum 米团花	唇形科米团花属	叶片	体胚发生、再生植株
Liriodendron chinense × *tulipifera* 杂交鹅掌楸	木兰科鹅掌楸属	未成熟胚	体胚发生、再生植株、田间试验、四倍体
Magnolia pyramidata 金字塔木兰	木兰科木兰属	未成熟种子	胚性细胞悬浮系、再生植株
Magnolia macrophylla 大叶木兰	木兰科木兰属	未成熟胚	体细胞胚、再生植株
Magnolia dealbata 墨西哥厚朴	木兰科木兰属	合子胚	直接体胚发生、间接体胚发生
Magnolia obovata 日本厚朴	木兰科木兰属	成熟胚	体胚、再生植株
		未成熟胚	体胚、再生植株
Liriodendron tulipifera 北美鹅掌楸	木兰科鹅掌楸属	未成熟胚	体胚发生
		胚性愈伤悬浮系	原生质体、再生植株
		未成熟胚	体胚发生、再生植株
		合子胚	体胚发生
		未成熟胚	体胚发生、再生植株、土壤栽培
Magnolia liliflora 紫玉兰	木兰科木兰属	腋芽	愈伤、胚状体
Magnolia wufengensis 红花玉兰	木兰科木兰属	未成熟胚	胚性愈伤
Litchi chinensis 荔枝	无患子科荔枝属	花粉	体胚发生

树种名称	科　属	外植体	研究结果
Liquidambar styraciflua 北美枫香	金缕梅科枫香树属	茎尖、子叶 雄花序 未成熟种子	体胚发生、再生植株 间接体胚发生、再生植株 直接体胚发生、再生植株
Malus prunifolia 楸子	蔷薇科苹果属	花粉	胚胎发生、再生植株
Prunus mume 梅花	蔷薇科杏属	未成熟合子胚	体胚发生、次级胚、再生植株
Sorbus pohuashanensis 花楸	蔷薇科花楸属	未成熟合子胚	直接体胚发生、间接体胚发生、再生植株
Mangifera persiciformis 扁桃杧	漆树科杧果属	胚珠	体胚发生、次级胚、再生植株
Murraya exotica 九里香	芸香科九里香属	合子胚	体胚、次级胚、再生植株
Musa acuminata 小果野蕉	芭蕉科芭蕉属	合子胚	胚性细胞、体胚、再生植株
Olea europaea 油橄榄	木犀科木樨榄属	未成熟胚	体胚发生、再生植株
Pharbitis nil 裂叶牵牛	旋花科牵牛属	合子胚	体胚、次级胚、再生植株
Pistacia vera 阿月浑子	漆树科黄连木属	核仁	胚性愈伤
Populus alba 银白杨	杨柳科杨属	叶片	原生质体、再生植株
Populus ciliate 缘白杨	杨柳科杨属	叶片	悬浮系、体胚、再生植株
Populus deltoides 美洲黑杨	杨柳科杨属	花粉	体胚发生、再生植株
Populus nigra 黑杨	杨柳科杨属	叶片	愈伤、原生质体、再生植株
Populus tremula 欧洲山杨	杨柳科杨属	茎尖培养物	原生质体、再生植株
Cerasus avium 欧洲甜樱桃	蔷薇科樱属	未成熟胚 叶片	体胚发生 原生质体、再生植株
Prunus cerasifera 樱桃李	蔷薇科李属	茎尖培养物	原生质体、再生植株
Cerasus vulgaris 欧洲酸樱桃	蔷薇科樱属	根、愈伤	原生质体、再生植株
Prunus spinosa 黑刺李	蔷薇科李属	茎尖培养物	原生质体、再生植株
Cerasus yedoensis 垂枝樱花	蔷薇科樱属	叶柄	体胚发生、再生植株、转化
Quercus fabri 白栎	壳斗科栎属	合子胚	体胚、次级胚
Quercus rober 欧洲栎	壳斗科栎属	未成熟胚	体胚发生、再生植株
Quercus rubra L. 红槲栎	壳斗科栎属	未成熟胚	体胚发生、再生植株
Quercus variabilis 欧洲栓皮栎	壳斗科栎属	叶片 茎	体胚、次级胚、再生植株 体胚、次级胚、再生植株
Robinia pseudoacacia 洋槐	豆科刺槐属	未成熟胚	体胚发生、再生植株
Santalum album 檀香	檀香科檀香属	胚乳 胚性愈伤悬浮系 茎尖	体胚发生、再生植株(三倍体) 原生质体、体胚发生、再生植株 愈伤、悬浮系、原生质体、胚胎发生、再生植株 人工种子、植株再生

续表

树种名称	科　属	外植体	研究结果
Sapindus mukoross 无患子	无患子科无患子属	成熟叶片	愈伤、胚、再生植株
Cinnamomum camphora 香樟	樟科樟属	幼胚	直接体胚发生、次级胚 间接体胚发生、再生植株
Sassafras randaiense 台湾檫木	樟科檫木属	合子胚	体胚、次级胚、再生植株
Dendrocalamus latiflorus 麻竹	禾本科牡竹属	合子胚 合子胚	愈伤、体胚发生、再生植株 体胚发生、再生植株
Theobroma cacao 可可树	梧桐科可可树属	细胞悬浮系	原生质体、再生植株
Thevetia peruviana 黄花夹竹桃	夹竹桃科黄花夹竹桃属	叶片	体胚、次级胚、再生植株
Tilia cordata 欧洲小叶椴	椴树科椴树属	未成熟胚	体胚发生
Vitis longii 野葡萄	葡萄科葡萄属	花粉、胚珠	体胚、次级胚、再生植株
Vitis rupestris 沙地葡萄	葡萄科葡萄属	叶片、花粉、茎	体胚、次级胚、再生植株

6.1.2　植物体细胞胚胎发生过程

6.1.2.1　直接体细胞胚胎发生过程

直接体细胞胚胎发生即植物的某些离体细胞、组织、器官等外植体在适当温度、湿度、pH、营养条件下不经过诱导愈伤组织而直接从外植体上诱导出胚状体的过程，这种"胚性"是在胚胎发生之前就已经"决定"好了的。张雪梅等在诸葛菜(*Orychophragmus violaceus*)的体细胞胚胎发生过程中使用 6-BA 直接诱导出了体细胞胚，发生频率 100%(张雪梅等，1995)；张光祥等研究虎眼万年青(*Ornithogalum caudatum*)时，以已经成熟甚至自然脱落的子鳞茎为外植体，正向放置的外植体培养一周左右就直接从表层分化出多细胞原胚，并且体细胞胚经干旱处理后体胚的萌发率显著高于未经干旱处理的体细胞胚，根系也生长完整(张光祥等，1994)；曹静等利用银苞芋(*Spathiphylium floribundum*)的幼嫩花序，暗培养在适当激素浓度的 MS 培养基上，得到诱导频率为 96.5% 的直接发生体细胞胚，转移到降低蔗糖浓度和去掉分裂素的培养基上成功转化出再生植株和不定芽(曹静等，1995)；杜丽等研究了香樟(*Cinnamomum camphora*)的体胚发生，在幼胚的胚轴处直接出现了白色体细胞胚，诱导率达 76.7%，同时这种白色胚状物可以和胚性愈伤进行相互转化，从而使胚芽直接萌发，还可诱导丛生芽的分化(杜丽等，2006)。以上这种可以直接从外植体上产生体细胞胚的细胞我们称之为胚胎预决定细胞(PEDC)，在将外植体接种到培养基上诱导时只需打破其原来的有序生长结构，往往不需要或者很少需要生长调节剂的作用。

6.1.2.2 间接体细胞胚胎发生过程

间接体细胞胚胎发生有两种类型：一是外植体在固体培养中经脱分化形成具有体胚发生能力的胚性愈伤组织，再由胚性愈伤组织诱导体胚；二是将细胞进行悬浮培养先产生胚性细胞团再由胚性细胞团产生体细胞胚。一般情况下，在建立悬浮系的过程中，先在固体培养基上诱导出愈伤组织，再挑取松脆易碎的胚性愈伤进行悬浮培养，但是这个过程需要的时间长、难度大，可能是因为胚性愈伤悬浮培养时要适应一段时间液体培养的环境；而如果用花药直接进行悬浮培养，使得愈伤组织的诱导和愈伤组织对外界条件的适应可以同时进行，同时也可使那些能以愈伤或者小细胞团形式在液体培养中扩增的培养物率先进行细胞系的形成，进而能迅速形成胚性细胞悬浮系，则成功率高。木本植物的大多数体细胞胚胎发生是通过间接途径产生的。Sommer 和 Brown 的研究先在固定培养基上长出愈伤，再转移到液体悬浮培养基上分化出了不定胚。高晗等用楸树(*Catalpa bungei*)的未成熟子叶胚进行诱导时，先在固体培养基中诱导出胚性愈伤，再将胚性愈伤转移至含 PEG-6000 的液体培养基中悬浮培养，得到了生长状况较好的子叶胚，子叶胚进一步在不含激素的培养基上萌发(高晗等，2017)。颜秋生对大麦进行原生质体培养时直接利用未成熟胚先悬浮培养，建立胚性细胞悬浮系，再进行原生质体培养，获得再生植株(颜秋生，1990)。之后，郑泳等利用大麦(*Hordeum vulgare*)的花药进行震荡培养建立悬浮系(郑泳等，1996)，李继胜等用党参(*Codonopsis pilosula*)下胚轴培养的原生质体进行培养，有20%的细胞团可直接分化出体细胞胚胎(李继胜等，1992)。这种先从外植体诱导出愈伤组织再诱导体胚间接发生的细胞我们称之为诱导胚胎决定细胞(IEDC)。与体胚直接发生方式相比，体胚间接发生不仅需要打破其原有的有序结构，还需要对它向一定的方向进行诱导，这个过程往往需要生长调节剂来诱导愈伤组织。

有些植物既能进行直接体胚发生，又可以进行间接体胚发生。如 Merkle 等利用枫香(*Liquidambar styracifiua*)的雄花序诱导间接体胚发生，用未成熟胚进行直接体胚发生，并获得再生植株(Merkle et al.，1998)。

6.1.3 体胚发生影响因素

6.1.3.1 外植体的消毒灭菌方式对体胚发生影响

对外植体进行适当的灭菌消毒可以降低外植体的污染率和褐化率，可以说这是保障外植体正常生长的首要和关键环节。如果对外植体没有进行彻底的灭菌，在培养过程中会有大量的菌类污染，时间过长会直接造成外植体褐化死亡而直接影响组织的进一步培养。常用的消毒剂有：次氯酸钠、漂白粉、升汞、酒精、过氧化氢、溴水、硝酸银和抗生素等。70%~75%浓度的酒精是最常用的表面消毒剂，由于其具有较强的穿透力，有利于其他消毒剂渗入材料从而达到很好的消毒效果，因此在消毒前常常先用酒精表面灭菌，再用其他灭菌方式进行深度灭菌；但是如果酒精消毒时间控制不好，会很容易直接将材料杀死，对材料造成伤害。0.1%~0.2%的升汞处理 6~12min，灭菌效果极好，对外植体的伤害较轻(谷延泽等，2008)，能使菌体蛋白质变性，酶失活达到消毒灭菌效果。次氯酸钠也是一种表面消毒剂，利用氯离子来消灭细菌，常用浓度为有效氯离子为1%。双氧水利用其强氧

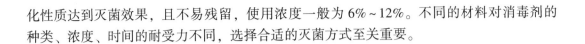

化性质达到灭菌效果，且不易残留，使用浓度一般为 6%~12%。不同的材料对消毒剂的种类、浓度、时间的耐受力不同，选择合适的灭菌方式至关重要。

6.1.3.2　基本培养基类型对体胚发生的影响

与植物在自然条件下生长的土壤基质等相比，培养基是一种人工配制、组织培养中离体材料赖以生存和生长的基础。离体材料能否培养成功，除了材料本身特性的影响外，就是培养基的作用。培养基的成分主要包括水分、无机化合物（包括大量元素和微量元素）、有机化合物（糖类、维生素、肌醇、氨基酸及有机添加物）、植物调节激素、凝固剂（液体培养基无需添加）和其他的成分（活性炭、抗生素等）。而所谓的基本培养基即培养基中只含有大量元素、微量元素和有机营养物，不添加植物生长调节物质和其他复杂的有机添加物。根据培养基的成分及其浓度特点，将基本培养基分为以下 4 类：

高盐成分培养基：这类培养基与其他培养基相比最显著的特点是无机盐含量很高，尤其是铵盐（NH_4^+）、钾盐（K^+）和硝酸盐（NO_3^-）含量最为显著；微量元素不仅种类齐全，浓度也较高，各个元素之间的比例适合。包括 MS、LS、BL、BM、ER 培养基，其中 MS 培养基的适用范围最广，其营养成分和比例均比较合适，广泛应用于植物各种类型的组织培养中。此次试验中所用 MS 基本培养基的成分如表 6-3 所示。

含有较多 NO_3^- 的培养基：这类培养基除了钾盐浓度较高之外，还含有较低浓度的氨态氮和较高的盐酸硫铵素，包括 GS、LH、N6 和 B5 培养基。其中 B5 适合十字花科、豆科、南洋杉以及葡萄等植物的培养，N6 适用于单子叶、柑橘类植物的花药培养。

中等无机盐含量的培养基：其特点是其中的大量元素含量只有 MS 的一半，微量元素种类减少但每种元素的含量增加，维生素种类比 MS 要多，如添加了生物素、叶酸等。主要有 H、Nitsch、Miller 培养基。

低无机盐含量培养基：这类培养基的特点是无机盐含量和有机成分含量都很低，其中无机盐成分仅为 MS 的 1/4 左右，有机成分含量也很低。包括改良 White、WS、HB 等培养基。大多数情况下用于生根培养。

在被子植物的体胚发生过程中，经常以 1/2MS、MS、WPM 等为基本培养基，大致可以保证植物细胞、组织的正常生长发育。李桂荣等研究了白玉兰花药离体培养，试验中 MS 培养基诱导愈伤组织的效果最好，可达 40% 左右，而 N6 作为基本培养基其诱导率仅为 6% 左右，且长势不好，诱导胚状体时也得出了同样的结论（李桂荣，2013）。陈金慧等在杂交鹅掌楸的体胚发生过程中，先使用 1/2MS 培养基对愈伤组织进行诱导，而在胚性组织的诱导阶段采用 MS 培养基，这样做是因为诱导物对营养的需求不断增加，同时也可提高渗透压以利于体胚发生（陈金慧等，2003）。杨燕对楸树诱导芽时发现，N6 的诱导效果最好，达 80.9%，其次是 WPM，达 65.2%，最差的为 MS 培养基，只有 35%（杨燕，2008）。而对裸子植物进行体胚发生研究时更多使用的是 DCR 等基本培养基，如席梦利对杉木（*Cunninghamia lanceolata*）进行体胚研究时，子叶和下胚轴均能在 DCR 培养基上诱导出体胚，而在 MS 和 1/2MS 培养基上诱导的愈伤组织逐渐干枯死亡（席梦利，2005）。赵晓敏用兴安落叶松（*Larix gmelinii*）的种子进行愈伤组织的诱导，MS 培养基的诱导率最低，只有 8.92%（赵晓敏，2007）。因此针对不同的树种、不同的培养目的，需要选择合适的基本培养基类型。常用的 MS 培养基配方见表 6-3，1/2MS 即为大量减半的 MS 培养基。

表 6-3　MS 基本培养基成分

名称	成分	相对分子量	配制母液用量浓缩（g/1L 水）	配制 1L 培养基所加母液量（mL）
大量母液（20×）	NH_4NO_3	80.04	33.0	50
	KNO_3	101.11	38.0	
	$CaCl_2$	110.99	6.64	
	$MgSO_4 \cdot 7H_2O$	246.47	7.4	
	KH_2PO_4	136.09	3.4	
微量母液（200×）	$MnSO_4 \cdot H_2O$	169.01	3.34	5
	$ZnSO_4 \cdot 7H_2O$	287.54	1.72	
	$CoCl_6 \cdot H_2O$	237.93	0.005	
	$CuSO_4 \cdot 5H_2O$	249.68	0.005	
	$Na_2MoO_4 \cdot 2H_2O$	241.95	0.05	
	KI	166.01	0.166	
	H_3BO_3	61.83	1.24	
铁盐母液（200×）	Na_2-EDTA	372.25	7.46	5
	$FeSO_4 \cdot 7H_2O$	278.03	5.56	
有机母液（1000×）	VB5	123.11	0.5	1
	VB6	205.64	0.5	
	VB1	337.27	0.1	
	甘氨酸	75.07	2.0	
肌醇母液（500×）	肌醇	180.16	50	2

6.1.3.3　激素种类及配比对体胚发生的影响

植物激素是培养基中除了基本培养基之外最重要的添加物，因为植物本身已经脱离母体，需要借助激素来使其往我们需要的方向发展。激素的使用量虽然很少，但却决定了细胞的发展方向。在组织培养中常用的植物激素主要包括生长素类、细胞分裂素类、赤霉素、脱落酸等几大类。

6.1.3.4　生长素类对体胚发生的影响

生长素主要促进细胞的分裂和伸长，常用的生长素有吲哚乙酸（IAA）、萘乙酸（NAA）、吲哚丁酸（IBA）和 2,4-二氯苯乙酸（2,4-D）。其中 IBA 主要应用于根的生长发育，在促进根生长方面具有极显著的效果；在诱导愈伤组织阶段最常用的生长素为 2,4-D，它的生理作用比 NAA 和 IAA 更强烈，尤其是在诱导胚性愈伤组织时。如在木兰科中，杂交鹅掌楸（陈金慧，2003；Merkle et al.，1993）、北美鹅掌楸（Merkle et al.，1986）、大叶木兰（Merkle et al.，1993）均使用浓度为 2.0~3.0mg/L 的 2,4-D 配合使用分裂素诱导出了胚性愈伤；叶玲娟对台湾相思、黑木相思、卷荚相思3种相思树(*Acacia* spp.)的愈伤进行增殖时发现2,4-D对三种相思都有显著性差异，当浓度为0.2mg/L时达到最高，但浓度越高生长越差，在高浓度的培养基中愈伤生长受到抑制，易褐化死亡(叶玲娟，2008)；"雪梅"(*Prunus mume*)在添加了较低浓度的2,4-D(1.0~2.0mg/L)的培养基上诱导出了体胚，诱导率高达58.3%，而当2,4-D浓度上升至5.0mg/L时没有体胚发生迹象(杨洁等，2013)；但是在番木瓜(*Carica papaya*)的体胚诱导中，使用10.0mg/L的2,4-D也成功使幼胚诱导出胚性愈伤(蔡雪玲等，2011)；用扁桃杜(*Mangifera persiciformis*)的胚珠进行愈伤组织的诱导，当培养基中只有1.0mg/L的2,4-D时，就有胚性愈伤组织的出现，而在没有2,4-D的培养基上均不能诱导出胚性愈伤(黄镜浩等，2009)；广玉兰(*Magnolia Grandiflora*)的愈伤组织诱导中也出现了该现象(谭泽芳，2003)。近年来，2,4-D越来越应用于胚性愈伤组织的诱导，可能是2,4-D作为一种生长素类似物，它具有比NAA、IAA更高的生理活性，但是在使用时要注意浓度范围，过高会导致胚性愈伤组织丧失体胚发生的能力，如在北美鹅掌楸(Merkle et al.，1986)的体胚发生过程中，体胚不能在含有2.0mg/L 2,4-D的培养基上继续生长，只有将愈伤转接至无激素的培养上至少一周，才会有类似球形胚结构出现。因此不同的植物在体胚发生过程中需寻找合适的浓度及诱导时间才能有利于体胚发生。

6.1.3.5　细胞分裂素对体胚发生的影响

在体胚发生过程中，最常用的分裂素有激动素KT、玉米素ZT和6-BA等。细胞分裂素有促进细胞分裂、诱导体胚和诱导不定芽形成的作用。对大部分外植体进行愈伤诱导时需要生长素和细胞分裂素搭配使用，如赵晓敏对兴安落叶松进行愈伤组织诱导时发现，在单独添加2,4-D的培养基上虽然也能诱导出愈伤，但是诱导率都极低，最高也只有39.2%，而当添加了6-BA和KT后，诱导率显著提高，最高可达53.71%，且6-BA的作用要大于KT(赵晓敏，2007)。

6.1.3.6　渗透剂对体胚发生的影响

渗透剂的作用主要是对细胞的生长造成一种胁迫。蔗糖既可以作为培养基中的能源物质，为细胞、组织等提供碳源，还是一种渗透调节物质，通过改变培养基的渗透压、制造胁迫环境来诱导组织的产生。以蔗糖作为渗透调节剂对植物组织来说是最安全的方式，不会对植物造成伤害。蔗糖浓度是影响百合(*Lilium×siberia*)无菌苗结鳞茎的主要因素(狄翠霞等，2005)，李筱帆在对百合无菌苗鳞茎的研究也证明：3种百合的结鳞茎率与蔗糖浓度成正比，当浓度达到8%时，'白天堂'和'黄色风暴'的结鳞茎率都已达到100%，浓度达10%时，兰州百合的结鳞茎率也达到100%，对它们鳞茎的直径和增重情况表现出先升高后降低的情况，说明适宜的蔗糖浓度对鳞茎有促进作用(李筱帆，2009)。甘露醇也可以作为一种渗透调节剂，如高翔翔用不同浓度的甘露醇预处理花楸的未成熟种子，有明显地使子叶提前张开、愈伤出现较早、体胚数量较多的效果(高翔翔，2008)。沈海龙用甘露醇处理花楸未成熟种子的体胚诱导率明显高于未经甘露醇处理的种子，之后用显微镜观察发现，用甘露醇处理过的外植体表面细胞的有序排列发生变化，改善了体胚发生状况(沈海龙等，2008）。聚乙二醇 6000（PEG-6000）对杂花苜蓿（*Medicago varia*）的体胚发生也产生了影响，浓度为 6% 时诱导率最高为 44%（不添加 PEG-6000 的对照组诱导率为 33.94%）（杨国锋等，2010）。

6.1.3.7 光照条件对体胚发生的影响

组织培养一般在光照条件下进行，以保证植物在生长过程中叶绿素等的合成。但是在诱导愈伤组织阶段，实践证明黑暗处理更有利于愈伤组织的诱导。如陈金慧等在杂交鹅掌楸的体胚研究中发现，将未成熟种子接种到诱导培养基以后一段时间，虽然黑暗与光照两种培养条件下都能诱导出愈伤组织，但是黑暗条件下的诱导率显著高于光照条件下，分别为 60.1% 和 33.3%（陈金慧等，2003）；枇杷（*Eriobotryya japonica*）的体胚研究中发现，弱光与黑暗条件下无显著差别，而强光条件下使得愈伤褐化严重，且诱导率低（沈庆斌，2005），所以在愈伤组织诱导阶段最好在黑暗条件下进行。胚性愈伤组织诱导完成后要及时将愈伤转移到光照条件下培养。在体胚成熟阶段，光照条件是胚性愈伤增殖的必要条件，黑暗条件下几乎不能形成体细胞胚。高翔翔的研究表明，光照条件使得体胚不断进行次生胚再生或者产生较多绿色愈伤而影响了体胚的成熟（高翔翔，2008）。

6.1.3.8 其他条件

除了以上影响因素外，还有一些其他的生长调节物质，如植物磺肽素、水解酪蛋白、水解乳蛋白等有机物也会对体胚发生产生一定的影响。陈金慧等探究了植物磺肽素对体胚发生的影响，结果表明：该物质可以促进细胞的分裂和增殖，有利于胚性细胞的形成，促进胚性愈伤的形成和增殖，体胚形成后期添加适当的植物磺肽素有利于其正常发育和植株再生（陈金慧等，2013）。珍珠相思（*Acacia podalyrriifolia*）的体胚发生研究中对影响体胚诱导的因素作了极差分析，发现 CH（casein hydrolysate，水解酪蛋白）对体胚诱导的影响为第二位，当 CH 浓度为 1g/L 时，效果最好（赵苹静，2009）。有研究表明，香蕉汁、椰乳、土豆泥等天然有机物也会对体胚的诱导、增殖有一定的积极效果，为细胞的生长提供了所需的营养物质，但是具体的用量及是否适用于某种植物，还需不断探索并求证。

6.1.4 目前存在的问题及解决方法

6.1.4.1 褐化及其影响因素和防治方法

褐化机理主要有两种：酶促褐变和非酶促褐变。

非酶促褐变的形成机理主要是由于细胞受到一些胁迫而造成的细胞程序性死亡或自然发生的细胞死亡，即坏死形成的褐化。非酶促褐变过程并不涉及酶类物质作用的发挥。如：干旱、低温、高盐分、衰老或水分缺失时，都会使植物细胞受到伤害。目前认为在植物组培中发生的褐变主要是酶促褐变而引起的，即要经过酶和底物的反应所引起的褐变。酶催化底物发生反应需具备三个条件：底物（酚类物质）、氧气和酶。引起褐变的酶有过氧化物酶、多酚氧化酶和苯丙氨酸解氨酶，但最主要的是多酚氧化酶（PPO）的催化作用。正常植物的酚类物质主要存在于细胞的液泡内，而 PPO 则分布于液泡外面的各种质体或细胞质内，这种液泡、细胞质和质体之间的区域性分布使底物与酶不能接触，因而无法发生反应。当细胞膜的结构发生变化或者遭到破坏时，这种区域性被打破，使底物和酶得以接触，再加上氧气的存在，使得酚类物质很快被氧化成醌类物质，最后形成黑褐色物质，从而引起褐变(叶梅，2005)。

冷藏：酶发挥作用时必须要有一个适宜的温度，当外植体处于这种适宜温度下时就会促进氧化酶的活性，从而促进酚类物质的氧化，引起外植体的褐化(王栋等，2008)。凹叶厚朴进行冷藏预处理时，用保鲜膜密封置于 4℃ 冰箱内冷藏 24h 和 48h，与对照的褐化率 45% 相比降低到 30%~35%，同时诱导率也增加了 10%~15%，说明适当的低温预处理不仅对外植体的诱导有一定的作用，同时还能降低外植体的褐化率(刘叶蔓等，2007)。徐振彪等的研究中发现，低温在抑制褐化方面具有一定的效果，但是当外植体处于低温条件下时细胞的分裂速度也会相应地降低，这样反而不利于愈伤组织的增殖(徐振彪等，1997)。因此在对外植体进行低温预处理时，应兼顾试验所要达到的目的与植物的生理特性来采取合适的低温处理方式。

预处理：在对白玉兰的芽进行培养时，使用 1g/L 柠檬酸(CA)和 1g/L 硫代硫酸钠(ST)对芽进行预处理后褐化率均低于清水，柠檬酸的效果比 30% 硫代硫酸钠要好些，褐化率为 10%(周丽艳等，2008)。红花玉兰带芽茎段的培养中，对外植体进行冷藏、聚乙烯吡咯烷酮(PVP)中切割、PVP 浸泡等处理，结果表明在 PVP 溶液中切割效果最好，其次是冷藏 4h(怀慧明，2011)。在 PVP 中切割的效果要比浸泡好，认为浸泡只是对材料进行了预处理，防止氧化，但是在经过消毒灭菌以后还要对外植体进行切割，这时还会产生酚类物质，在 PVP 溶液中切割正好解决了这一问题，及时将切口处产生的酚类物质进行吸附。

基本培养基种类：常用的基本培养基有 MS、1/2MS、B5、WPM 等，每种培养基中盐浓度不同。MS 培养基是比较常用的，无机盐含量高、微量元素全。有研究表明，培养基中无机物的存在可能为氧化酶合成制造了条件进而使得外植体发生褐化现象(刘兰英，2000)，过高的无机盐浓度会加速酚类物质的氧化，加重褐化(雷攀登等，2012)。刘均利对华盖木(*Manglietiastrum sinicum*)的顶芽进行培养时发现，外植体在无机盐浓度含量较低的 1/2MS 和 1/2 B5 培养基上褐化较轻(以 1/2MS 最低)，而在无机盐浓度含量高的 MS 基本培养基上褐化率和死亡率均是最高，不利于外植体的生长(刘均利等，2007)。这与含酚类物质较多的茶树的研究结果一致(雷攀登等，2012)。王欢对天女木兰组织培养防褐化研究中发现，用幼嫩枝条培养时，B5 培养基对防褐化效果最好(王欢等，2012)。

抗氧化剂：抗氧化剂的作用是多酚氧化酶的一个逆过程。即通过将多酚氧化酶作用下形成的醌类物质重新还原为酚而减轻褐化对外植体的伤害(于守超等，2004)，同时可以改变外植体周围电势，对酚类物质的氧化起到抑制作用。常用的抗氧化剂有：ST、二硫苏糖醇(DTT)、巯基乙醇(BME)、水解乳蛋白(LH)、抗坏血酸(VC)和 CA 等。刘叶蔓对凹叶厚朴的茎段进行愈伤组织诱导时发现，在使用的 VC、LH、BME 等多种抗氧化剂中，VC 的效果最佳(刘叶蔓等，2007)；白玉兰芽培养中使用 ST、CA、VC 控制褐变，ST 的最佳浓度为 50~100mg/L，过高则不能抑制褐化；CA 的浓度为 200mg/L 时效果最佳，没有褐化；低浓度(1mg/L)的 VC 能抑制褐化，但浓度过高则不会起到抑制褐化的作用(周丽艳等，2008)。陈碧华对杂交马褂木的茎段进行继代培养时，对 CA、VC 的抗褐化效果进行了比较，当 CA 或 VC 为 50mg/L 时，外植体褐化现象有所减轻，尤其是同时添加了 50mg/L CA 和 50mg/L VC，褐化现象基本消失，茎芽生长基本正常(陈碧华，2012)。综合以上的试验结论，抗坏血酸较其他的抗氧化剂效果更好，这是因为抗坏血酸是一种还原物质，除了可以与氧化产物醌发生作用使褐化现象得到抑制外，另一方面抗坏血酸还能在酶的催化下消耗氧气，使酚类物质因缺少反应条件而达到抑制褐化的作用(怀慧明，2011)。刘均利对华盖木的研究中发现添加 BME 的培养基中的外植体在第 4d 时开始变褐，10d 时全部褐变死亡，培养基变为黑蓝色(刘均利等，2007)，这与乐东拟单性木兰褐化控制试验中 BME 使褐化率明显降低(苏梦云等，2004)的试验结果有差异，可能与华盖木对巯基乙醇的毒性敏感有关。黄浩等认为，水解乳蛋白有抗褐化的作用是因为水解乳蛋白可以与底物的羟基作用，竞争底物，使得酶因为没有反应底物而达到抑制褐化作用(黄浩等，1999)。

吸附剂：吸附剂是对褐化现象控制的一种补充，起到吸附有害物质的作用，从而有效地防止褐变(陈凯，2004)，但是防褐效果还因材料的不同而有显著的差异(周俊辉等，2000)。吸附剂主要有：活性炭(AC)和 PVP。凹叶厚朴的茎段愈伤组织诱导过程中使用了 PVP 和 AC，结果表明 PVP 的吸附效果比 AC 的吸附效果要好，有效控制褐化(刘叶曼等，2007)。华盖木对不同的防褐化剂的防褐效果比较是 PVP>AC(刘均利等，2007)。天女木兰嫩枝培养时，防褐化效果为 PVP>AC(王欢等，2012)。PVP 能降低褐变的主要原理是它是酚类物质的专一性吸附剂，能够很好地结合外植体褐变产生的酚类物质。而活性炭的使用就较有争议，因为活性炭在吸附时不具有选择性，不仅吸收了有害物质，还会吸附培养基中植物生长所需的营养物质，反而不利于外植体的生长。因此在加入活性炭的培养基中适当调节激素配比，可在满足植物生长所需条件的同时，更好地控制褐变。

培养基硬度：在培养基中一般使用琼脂等作为凝固剂。培养基较硬时，不利于外植体的固定和营养吸收；培养基较稀时，容易使造成褐化的酚类和醌类物质渗入培养基，并在培养基中进行扩散，这样就会使毒害物质脱离外植体，使外植体所受的毒害作用减轻。因此，有人提出使用液体培养基，这样就可以使外植体在培养过程中所产生的有毒物质及时脱离外植体从而进入液体中，但是由于外植体脱离了母体，对培养基的 pH、温度、氧气、湿度等条件要求非常苛刻，所以液体培养基并不一定能满足大部分外植体的生长发育。徐振彪在其褐化控制试验中，建立了一种半固体培养系统，所谓半固体培养基即在培养基中加入少量琼脂，琼脂的用量既可以支撑起愈伤组织，使外植体不用完全浸入培养基，同时松软的培养基还可以使褐化物质迅速扩散到培养基中从而保护了外植体，防褐化作用甚好(徐振彪等，1997)。但也有研究表明：在一定的琼脂用量范围内，培养基硬度较大，降低了酚类物质的扩散速度，反而降低了外植体的褐化率(王桂荣，2010)。因此不同的植物寻找一个合适的琼脂用量对外植体的生长也有一定的作用。

培养条件：分为温度和光照两个方面。研究表明，外植体在较高的温度和光照条件下能加速褐化(于守超等，2004)，而弱光和低温培养可以减缓外植体褐化，但是不同树种所需条件还是有差异，同时适宜的低温和适宜的低温处理时间也要具体情况具体分析。如华盖木在 8℃低温培养 4d 时，褐化率有明显降低；但当低温培养 8d 时，外植体的褐化率升高；若低温和培养时间均加大时(4℃低温培养 8d)，出现了褐化率和死亡率都升高的现象，这可能与华盖木本身所特有的不耐低温性有关(马均等，2009)。凹叶厚朴茎段进行培养时，由于凹叶厚朴对光敏感，遮光能有效地抑制褐变，但是对温度的要求不严格。周丽艳以白玉兰的芽为外植体进行培养时，光照和黑暗条件都会发生褐化，但是褐化程度不同：黑暗条件下褐化较轻为 33.3%，外植体生长较缓慢；而在光照条件下，褐化率高达 60%，极显著高于黑暗条件，部分外植体甚至褐化死亡，表明暗培养对外植体的褐化有一定的改善（周丽艳等，2008）。由于光能促进多种植物组培中酚的氧化，除了在培养过程中进行暗培养以外，还可以从源头出发，即采集外植体之前对其进行遮光，这样外植体在受到伤害时就可以在一定程度上阻止褐化反应的进行（陈菲等，2005）。所以具体培养条件还是要根据树种不同的生理特性来决定。

其他因素：合理使用激素类物质也可以起到防褐化的效果。有研究表明细胞分裂素会促进褐化的发生，如华盖木的组织培养研究表明：外植体的褐化情况为异戊烯腺嘌呤 Z-IP>ZT>KT＝BA，生长素 2,4-D 可延缓多酚合成，减轻褐变发生（付影等，2007）。但是在观察褐化的同时也要兼顾外植体的诱导情况合理搭配激素类物质。取材季节对褐化的影响也不同，在白玉兰（周丽艳等，2008）的研究中表明，春季和冬季取材较夏季好，主要是由于春冬两个季节的温度相对夏季来说较低，酶的活性均较低，植物体内代谢较弱，而夏季温度较高，植物生长旺盛，酶活性也增强，使外植体褐化程度加重。张明丽等的试验研究中也表达了相同的观点（张明丽等，2005）。外植体的受伤程度跟褐变程度成正比，即伤口面积越大，就会有更大面积的受伤外植体接触到空气，并且在消毒过程中表面消毒剂对外植体的伤害也越多，造成更严重的褐化现象。因此在对外植体进行切割时，尽量减少伤口面积，边切割边接种，或者将外植体放入隔绝空气的液体中以达到减少褐化的目的。为了防止交叉污染，切割后将外植体分成三份接种于不同的无菌培养皿中。除此以外，可以将外植体消毒后再减去一段茎段再接入培养基，这在一定程度上可以减轻褐化。这是因为，在消毒之前剪切的外植体经过灭菌之后还会溢出一些酚类物质，接触到空气后被氧化成醌类物质。因此，在消毒灭菌后接种之前再剪去一部分外植体可以有效控制褐化。

6.1.4.2　体胚诱导

体胚在球形胚及更早的阶段属于异养，心形胚或子叶胚以后才从异养转变为自养模式，因此在诱导球形胚时，需要复杂的培养基成分来保证胚的生长。部分学者认为诱导体胚的因子多是一些胁迫因子，也就是说适当提高培养基的渗透压可以达到诱导体胚的目的。成铁龙等探索了茉莉酸甲酯对杂交鹅掌楸体胚发育的影响，发现在体胚诱导培养基中添加不同浓度的茉莉酸甲酯可以显著影响体胚发生率、成熟率，且随着茉莉酸甲酯浓度的升高，诱导率和成熟率也不断升高，但超过一定浓度就会产生相反的作用；除了单独添加茉莉酸甲酯，加入 ABA 仅仅可以降低畸形胚的产生，对体胚诱导率和成熟率没有显著影响（成铁龙等，2017）。唐巍在火炬松（*Pinus taeda*）的胚性愈伤诱导以及发育过程中，向培养基中添加了 9g/L 的肌醇，达到促进胚的目的（唐巍等，1998）。高蔗糖浓度也会制造一种干旱胁迫，唐静仪对铁皮石斛（*Dendrobium candidum*）进行体胚发生研究时，发现 6% 的蔗糖和一定浓度的 ABA 结合使用，使体胚产量最高达 59%（唐静仪，2010）。

6.1.4.3　体胚成熟

用合子胚进行体胚发生时，如果合子胚是成熟胚，一般在培养基中会直接发育成苗；

若是幼胚，则对培养条件要求更高、培养难度增加。胚越不成熟，对营养的需求也更高。将幼胚接种到培养基上之后，会经过球形胚、心形胚、鱼雷形胚以及子叶胚，进而体胚发育成熟、萌发；也可能会出现早熟萌发，从而形成畸形胚。影响体胚成熟的因素主要有：激素用量、蔗糖浓度、光照条件等。促进体胚成熟常用的激素为 ABA，不少学者研究了植物体胚发生过程中内源 ABA 的变化规律，试图探索 ABA 在体胚成熟过程中的作用机理，发现 ABA 对体胚成熟过程中的某些相关基因有调控作用，可以促进某些储藏蛋白、晚期胚胎发生丰富蛋白和特异蛋白的合成（Misra et al.，1993；Robert，1991）。张焕玲对栓皮栎（Quercus variabilis）体胚成熟试验时发现，2.0mg/L 高浓度的 ABA 虽然成熟率高，但是胚根褐化严重（张焕玲，2005）。张存旭等将栓皮栎种子诱导的体胚转移到蔗糖浓度提高到5%的体胚成熟培养基上，体胚成熟率达 63.5%。5%的蔗糖浓度最有利于花楸体胚的成熟（张存旭等，2007）。张焕玲也发现在栓皮栎的体胚成熟试验中将蔗糖浓度提高到 6%时的体胚成熟率达 68.3%，但同时畸形胚的诱导率也是最高，有 35.8%，因此最适的蔗糖浓度为 5%，此时畸形胚诱导率仅为 31.7%。黑暗条件下的畸形胚虽然少，但是到成熟后期部分逐渐变为暗黄色且胚根有褐化现象；而光照条件下的体胚质地紧实，胚根正常生长（张焕玲，2005）。贾小明在栓皮栎体胚再生研究中提出，胚性愈伤组织在光照条件下才能诱导出体胚，全程暗培养不利于体胚再生（贾小明等，2011）。

6.1.5　植物体胚发生过程中的生理生化变化

植物在体细胞胚胎发育期间要经历愈伤组织的诱导、体胚的诱导以及成熟、体胚萌发等过程，每个阶段都会伴随着一系列的生理生化变化，研究这些生理生化变化是如何引起体胚发育不同阶段的变化至关重要。李茜等对白皮松（Pinus bungeana）的胚性与非胚性愈伤组织的生理生化特征进行了研究，得出在诱导阶段胚性愈伤的生理生化代谢要高于非胚性愈伤（李茜等，2008）；马唐（Digitaria sanguinalis）的胚性与非胚性愈伤的可溶性蛋白含量也有很大差异，前者是后者的一倍，说明胚性愈伤中的蛋白质合成是活跃的，积累多，胚胎发生能力强（杨和平等，1991）。王慧纯等对连香树（Cercidiphyllum japonicum）愈伤组织进行生理生化研究时，发现胚性愈伤组织在可溶性蛋白质和游离脯氨酸的含量上均极显著高于非胚性愈伤组织；在可溶性糖含量上，胚性愈伤组织也显著地高于非胚性愈伤组织（王慧纯等，2017）。因此，大量试验研究表明胚性愈伤组织具有较高的代谢活性，为进一步胚性分化提供物质和能量基础。

超氧化物歧化酶（SOD）是一种重要的抗氧化酶，植物体在生长过程中体内会不断产生活性氧以及一些毒害物质，而 SOD 就会将这些活性氧以及毒害物质进行清理，SOD 含量越高，说明植物体的自我更新能力越强。过氧化物酶（POD）是植物体内产生的一种氧化还原酶，以过氧化氢为受体催化底物氧化。过氧化氢二酶（CAT）是催化过氧化氢分解为氧和水的酶，存在于细胞的过氧化物体内。丙二醛（MDA）是膜脂氧化的重要产物，它的产生能加剧膜的损伤，是广泛存在于植物体内与能量和呼吸代谢密切相关的酶，在体胚发生过程中起着重要的作用。王慧纯等在研究连香树胚性与非胚性愈伤的 SOD 和 POD 酶时用非变性聚丙烯酰胺凝胶电泳技术对酶带进行了分析：对于 SOD，胚性愈伤中出现了非胚性愈伤没有的 S5 酶带，非胚性也出现了胚性愈伤没有出现的 S6 酶带，这或许可以作为两者相互转化的一个依据；对于 POD，P6、P7、P8 是胚性愈伤中特有的酶带，说明这几种蛋白质所对应的合成基因有可能只在胚性愈伤中表达，是与胚性愈伤组织形成相关的酶（王慧纯等，2017）。辛福梅对栓皮栎的两种类型愈伤组织的抗氧化酶活性进行检测，得出胚性愈伤组织的酶活性均显著高于非胚性愈伤组织（辛福梅，2007）。李茜对白皮松体胚诱导过程中的胚性与非胚性过氧化物酶进行了研究，发现胚性愈伤中的 SOD、POD 和 CAT 的活性均高于非胚性愈伤组织，说明胚性较非胚性的适应性和抗逆性都较强（李茜等，2008）。胡杨（*Populus euphratica*）的愈伤在盐胁迫下，MDA 含量随着盐浓度的提高而升高，说明细胞受到的伤害越来越严重；而 SOD 随着盐浓度的升高表现为先降低再升高而均低于对照组，这说明在盐浓度不断提高的过程中，SOD 没有发挥保护作用；POD 和 CAT 是随着盐浓度的提高先升高再降低，说明随着胁迫的加强，POD 和 CAT 发挥了清除活性氧的保护作用，盐浓度升高 70mM 时，超过了细胞的承受能力，两种酶含量也逐渐降低（王雪华等，2007）。因此我们可以通过测定胚性与非胚性愈伤组织的同工酶含量来检测当前的培养条件是否适合组织的生长，从而指导下一步工作的进行。

6.1.6 体细胞胚胎发生的细胞学基础

要研究植物体细胞胚胎发生过程，了解其体胚发生的细胞学基础是至关重要的。体细胞胚胎发生的不同途径、起源方式将会直接关系到我们进行试验时是否会选择该种途径从而指导试验的进行。在试验过程中，我们要学会利用细胞生物学的手段，研究和探索体胚的发生途径和起源方式，帮助我们更好地理解细胞全能性的表达过程，这也是发展植物遗传和细胞工程技术的现实需要和理论基础。

体胚发生主要是由一类被称为胚性细胞（embryogenic cell）的结构发育而来，胚性细胞相对于非胚性细胞具有核大、质浓、染色深、体积小、细胞内含物丰富等特点。体细胞胚的最根本特点就是它具有两极性，在合适的培养条件下会从相反的方向同时分化出根端和茎段。

截至目前，学术界关于体胚的起源方式主要有两种说法：单细胞起源学说和多细胞起源学说。其中单细胞起源是指体细胞胚是由单个的具有胚胎发育能力的胚性细胞发育而来，如栓皮栎（Zhang et al.，2007）、油棕（*Elaeis guineensis*）（Kanchanapoom et al.，1999）、栎树（*Quercus*）（Corredoiar et al.，2006）；多细胞起源即体胚是由胚性细胞团分化而来（张丽杰，2006；曹有龙等，1999）。关于体胚发生位置，可以分为表面发生和内部发生，在以蛇床（*Cnidium monnieri*）幼茎为外植体进行体胚发生的研究中发现，体胚产生于愈伤组织的表面细胞或内部细胞，体胚发展至鱼雷期时有了螺纹导管的分化，子叶期的维管组织从两片子叶伸向胚根，呈 Y 型（郝建平等，1994）。水稻（*Oryza sativa*）的胚状体起源于外部发生，即胚状体发生在愈伤组织表面的胚性愈伤，同时内部的胚性细胞可向四周同时但不同步形成根冠原。龙眼的研究中发现胚性愈伤的胚胎发生一般是内部起源，且是单细胞起源（陈春玲等，2002）。

同时，在体胚发生过程中胚性愈伤还会积累很多的营养物质，如陈金慧的研究中发现胚性细胞中含有丰富的淀粉粒，非胚性愈伤边缘向胚性愈伤转变的细胞中也会逐渐积累淀粉粒，为体胚发生奠定基础（陈金慧等，2003）。汪丽虹等研究了党参（*Codonopsis pilosula*）

和石刁柏(*Asparagus officinalis*)的细胞代谢，发现外植体诱导的非胚性愈伤基本不含淀粉粒，而具有体胚发生能力的胚性细胞核周围有淀粉代谢发生(汪丽虹等，1996)。以上这些细胞学基础均为我们研究非胚性与胚性愈伤和体胚发生提供了科学依据。

6.2　研究方法

试验所用的红花玉兰'娇红1号'未成熟种子均采自湖北省宜昌市三峡植物园的红花玉兰培育基地。于2016年6月初采集红花玉兰微泛红的聚合蓇葖果带回实验室，于4℃冰箱中保存备用。

6.2.1　胚性愈伤组织诱导

将红花玉兰的聚合蓇葖果先用洗洁精清洗去除表面污渍，自来水冲洗30min。在无菌操作台内的消毒灭菌方式为：75%的酒精消毒液消毒1min—无菌水4~5次—0.1%的升汞5~12min—无菌水冲洗4~5次。取出带红色假种皮的种子用次氯酸钠溶液再次灭菌3~6min，无菌水冲洗4~5次(通常该过程与接种同一天进行，若不能实现则将带红色假种皮的种子用无菌封口膜封好置于4℃冰箱保存，接种前再进行酒精~次氯酸钠溶液灭菌流程)。剥去红花玉兰坚硬的种皮之后，用解剖刀将胚挑出，接种于愈伤组织诱导培养基上进行诱导。

基本培养基以1/2MS、MS为基本培养基，附加0mg/L、2mg/L、3mg/L的2,4-D、0.2mg/L、0.4mg/L的6-BA，500mg/L、750mg/L、1000mg/L的CH进行愈伤组织的诱导。其他条件为蔗糖30g/L(3%)(*w/v*，下同)，pH 5.8，琼脂0.65%，之后将培养基放置于121℃的高温高压蒸汽锅中灭菌20min，最后在超净工作台中添加防褐化剂VC 2mg/L(VC进行过滤灭菌之后再加入培养基中，以防高温灭菌使其失活)。将接种后的材料分别置于光照(8:00~20:00)和黑暗条件下进行培养，观察光照条件对愈伤诱导的影响。室温25℃，光照1200lx，每25d更换一次培养基。

经过25d左右的培养，未成熟胚表面出现白色球形物时，将其部分转移到蔗糖浓度提高到4%、5%、6%的培养基上进行胚性愈伤组织的诱导与保持，同时另一部分仍然继代至原培养基(蔗糖浓度为3%)上进行培养(作为对照)，比较不同的蔗糖浓度对胚性愈伤诱导的影响。

$$污染率(\%) = 受污染的外植体数/总接种个数×100\% \qquad (6-1)$$

$$褐化率(\%) = 褐化的外植体个数/总接种个数×100\% \qquad (6-2)$$

$$愈伤组织诱导率(\%) = 诱导出愈伤组织的外植体个数/总接种个数×100\% \qquad (6-3)$$

$$胚性愈伤增殖量(g) = 某一测定时期的质量-接种初期质量 \qquad (6-4)$$

$$体胚诱导率(\%) = 诱导出体胚的外植体数/总接种个数×100\% \qquad (6-5)$$

6.2.2　胚性愈伤组织的增殖

将诱导阶段所得到的愈伤组织转接到KT和NAA组合的增殖培养基上，KT浓度分别为0.25mg/L、0.5mg/L、1.0mg/L、2.0mg/L、4.0mg/L，NAA浓度为1.0mg/L，共5种组合处理，每种处理接种 10~20 瓶，每瓶接种 4~5 个愈伤块，每隔 5d 进行称重。以愈伤的增重来表示其增殖量。同时设置 5 个空白对照瓶，以减少水分蒸发所带来的误差。

6.2.3　体细胞胚胎发生

将诱导阶段所获得的胚性愈伤组织转接到生长素 NAA 与细胞分裂素 ZT、KT、6-BA，生长素 NAA 与 ABA 组合的体胚诱导培养基上，其中蔗糖浓度 3%，pH 5.85、CH 200mg/L、琼脂浓度 0.7%。观察胚性愈伤组织的体胚诱导率，并统计数据。

6.2.4　胚性与非胚性愈伤组织细胞学观察

对胚性与非胚性愈伤组织进行细胞学观察，采用番红固绿染色法进行试验，具体方法如下：

取材：取生长健康、有代表性的新鲜愈伤组织各 0.5~1.0cm²。

固定：将所取的两种材料迅速投入 50% FAA 固定液进行抽真空处理，目的是使固定液渗入材料。抽真空之后放置于 FAA 中固定至少 24h，以免失去原形，并贴好标签。FAA 为常用固定液，可不必洗涤，直接进行下一步脱水步骤。

脱水：脱水一般使用各级酒精进行逐级脱水，脱去材料中的水分，防止材料急剧收缩而变形，酒精用量为材料的 3 倍左右。酒精梯度为：50%—75%—85%—95%—100%，每级间隔时间 1~2h。在每次酒精更换完以后务必盖上玻璃器皿盖子，防止材料吸收空气中的水分。更换酒精时尽量不要大幅度移动材料，防止损坏。脱水是制片中的一个关键环节，如果脱水不彻底，石蜡就有可能不能渗入材料从而导致切片过程中发生破碎现象。

透明：对材料进行脱水操作之后转入 1/2 二甲苯溶液中浸泡 1h，之后再转入纯二甲苯中对材料进行透明操作。注意：二甲苯为挥发性有毒试剂，要求在通风橱中严格操作，且需回收处理。

浸蜡：材料经过透明处理之后，把材料拿出来放入小瓷杯中，并向杯中倒入少量二甲苯，使二甲苯覆盖住材料。之后准备一小条滤纸放置在材料纸上，向滤纸上倒入一些提前准备好的碎蜡屑，这样可以使碎蜡屑通过滤纸慢慢浸入到材料中，得到光滑平整的蜡块。最后再将小瓷杯放入 38℃ 左右的恒温烘箱中过夜 24h 左右，第二天将材料换入纯蜡液中放置于 60℃ 左右烘箱中，每隔 3h 更换一次纯蜡液，更换 3 次。

包埋：从保温箱中取出蜡液以后，迅速将材料和蜡液一起倒入提前准备好的小纸盒中，期间为了防止材料摆放不整齐或者材料在蜡块中的位置不对而导致切片时的浪费，尽量用烧红的解剖针轻轻移动材料，将材料摆放整齐，并等待蜡块凝固。为了缩短蜡块凝固时间，我们可以提前准备一盆冷水，慢慢将装有蜡块的小纸盒浸入冷水中，直到蜡块表面出现一层凝固的薄膜时就可以迅速将蜡块沉入冷水使整个蜡块完全凝固。

切片：用切片机对材料进行切片，注意调整材料与刀片之间的距离，切片厚度为 8μm。

粘片：用注射器吸取少量梅氏蛋白粘剂于载玻片上并涂抹均匀(蛋白粘剂要尽可能少，否则影响脱蜡)，再将切好切片慢慢粘在载玻片上，为了使切片可以更好地与载玻片贴合，可以在载玻片上适当加水。之后放在 37℃ 条件下烘干。

染色：粘贴好的切片经过数天干燥后进行脱蜡、复水、染色、脱水、透明封片等步骤。具体如下：

石蜡切片—二甲苯脱蜡（10min）—1/2二甲苯脱蜡（5min）—100%酒精（2min）—95%酒精（2min）—85%酒精（2min）—75%酒精（2min）—50%酒精（2min）—蒸馏水（2min）—1%番红（染色30min或更长）—蒸馏水—50%酒精（1min）—75%酒精（1min）—85%酒精（1min）—95%酒精（1min）—0.1%或0.5%固绿染液（染色30 s）—95%酒精脱水（1min）—100%酒精脱水（2min）—1/2二甲苯（2min）—二甲苯（5min）。以上各步骤所进行的时间可根据具体的切片材料以及蜡的厚度进行适当调整。

封片：中性树脂胶封片。

显微镜观察，并拍照保存。

6.2.5 胚性与非胚性愈伤组织 SS、SP、Pro 差异性分析

所用材料：诱导阶段经4%、5%、6%蔗糖诱导所得的胚性愈伤组织、添加0.5mg/L、1.0mg/L、2.0mg/L ABA的胚性愈伤组织、非胚性愈伤组织。

所用药品与试剂：磺基水杨酸、牛血清蛋白、考马斯亮蓝、酸性茚三酮、85%磷酸、蒽酮、葡萄糖、蒸馏水、浓硫酸、脯氨酸、甲苯、95%乙醇、冰醋酸等。

6.2.5.1 可溶性蛋白（SP）测定

试验原理：考马斯亮蓝法是利用与蛋白质结合的原理，定量测定蛋白质浓度的一种既快速而且又非常灵敏的检测方法。蛋白质的浓度在一定的测定范围内时，植物中所含的蛋白质就会与染料通过范德瓦尔结合，并且符合比尔定律。考马斯亮蓝与蛋白质结合以后颜色由红色变为蓝色，最大光吸收值由460nm上升到595nm。因此，可以通过测定595nm处的光吸收值得出蛋白质含量。

利用考马斯亮蓝法测定可溶性蛋白的具体测定方法可参考高俊凤（高俊凤，2006）。绘制标准曲线时所加试剂见表6-4。

表6-4 绘制蛋白质标准曲线所加试剂

试 剂	管号					
	1	2	3	4	5	6
标准蛋白质（mL）	0	0.2	0.4	0.6	0.8	1.0
蒸馏水量（mL）	1.0	0.8	0.6	0.4	0.2	0
蛋白质含量（μg）	0	20	40	60	80	100

可溶性蛋白的提取与测定：在标准天平上分别称取由红花玉兰未成熟种子所诱导的胚性与非胚性愈伤组织各0.5g左右，为了研磨方便可以向研钵中加入5mL蒸馏水，并研磨成匀浆有利于蛋白质全部提取出来；在离心机中以3000r/min的速度离心10min，最后取上清液放置于4℃冰箱中备用。吸取样品提取液1.0mL左右（需注意：当1.0mL溶液中所测得的蛋白质含量超过标准曲线蛋白质含量最大值时需对溶液进行适当稀释，使测的结果在标准曲线范围之内）于试管中，加入5mL G~250溶液，摇匀，放置2min后在595nm分

光光度计下测定其吸光值，并通过标准曲线查得蛋白质含量。重复三次，取平均值。

$$SP = (C \times V_T)/(V_S \times W_F) \tag{6-6}$$

其中，C 为从标曲上查得的蛋白质含量值；V_T 为质量愈伤中的提取液体积；V_S 为测定蛋白质含量时所需的加样量；W_F 为研磨之前的样品鲜重。

6.2.5.2 可溶性糖(SS)测定

试验原理：糖类遇到浓硫酸会发生脱水反应并生成糠醛或者羟甲基糠醛，之后进一步与蒽酮试剂结合最终产生蓝绿色物质，这种物质在 620nm 波长处有最大光吸收值，且吸光值在一定范围内与糖浓度含量成正比。

具体的可溶性糖测定方法参照高俊凤的蒽酮法进行测定（高俊凤，2006）。绘制葡萄糖标准曲线时所加试剂如表 6-5 所示。

$$SS = (C \times X \times 100)/W \tag{6-7}$$

式中：C 为查得糖含量，X 为稀释倍数，W 为样品重。

表 6-5 绘制葡萄糖标准曲线所加试剂

试剂	管号					
	1	2	3	4	5	6
标准葡萄糖原液(mL)	0	0.2	0.4	0.6	0.8	1.0
蒸馏水(mL)	2.0	1.8	1.6	1.4	1.2	1.0
糖含量(μg)	0	40	80	120	160	200

6.2.5.3 游离脯氨酸(Pro)测定

试验原理：脯氨酸在酸性条件下会与茚三酮溶液发生反应并产生稳定的红色缩合物，甲苯作为一种萃取剂可以将红色物质萃取出来。由于此缩合物在波长 520nm 处有最大吸收峰值，我们可以借助这一特性来测定脯氨酸含量。脯氨酸浓度在一定范围内与吸光值成正比。

利用酸性茚三酮法测定游离脯氨酸含量的具体方法参考高俊凤（高俊凤，2006）。绘制脯氨酸标准曲线时所加试剂含量见表 6-6。

表 6-6 绘制脯氨酸标准曲线所加试剂

编号	1	2	3	4	5	6
脯氨酸浓度(μg/2mL)	2	4	6	8	10	12

$$Pro = (X \times V_T)/(W \times V_S) \tag{6-8}$$

其中：X 为从所绘制的标准曲线上查得的对应的脯氨酸含量；V_T 为质量愈伤组织所提取的提取液液体积；V_S 为测定脯氨酸含量时所加的样品体积；W 为样品质量。

6.2.6 胚性与非胚性愈伤组织 3 种同工酶差异性分析

6.2.6.1 SOD 活性测定

取干净试管，按照表 6-7 的试剂种类及配比依次加入（注意核黄素最后加）；最后再加入提前提取好的愈伤组织酶液，共计 3.3mL（其中对照管以缓冲液代替酶液）。混匀后，对照组分为光下对照和黑暗对照，光下对照组置于日光灯下反应 30min。反应结束后，迅速将试管都放置于黑暗条件下或者装入黑色塑料袋中使反应停止。以遮光对照管为空白对照，使用分光光度计在 560nm 吸光值下测定光密度值。

表 6-7　SOD 酶活性测定方法

反应试剂	测定管（mL）			光下对照（mL）			暗中对照
0.05M PBS	1.5	1.5	1.5	1.6	1.6	1.6	1.6
130mM Met	0.3	0.3	0.3	0.3	0.3	0.3	0.3
750μmol/L NBT	0.3	0.3	0.3	0.3	0.3	0.3	0.3
100μmol/L Na$_2$-EDTA	0.3	0.3	0.3	0.3	0.3	0.3	0.3
蒸馏水	0.5	0.5	0.5	0.5	0.5	0.5	0.5
20μmol/L VB2	0.3	0.3	0.3	0.3	0.3	0.3	0.3
粗酶液	0.1	0.1	0.1	0	0	0	0
总体积	3.3	3.3	3.3	3.3	3.3	3.3	3.3

$$SOD = [(A_o - A_s) \times V_t] / (0.5 \times A_o \times W_f \times V_i) \tag{6-9}$$

其中：A_o 为参比对照管吸光度；A_s 为样品管吸光度；V_i 为测定吸光度时所加的样品体积；V_t 为提取的样液总体积；W_f 为样品鲜重。

6.2.6.2 POD 酶活性测定

用移液枪吸取 3mL 磷酸缓冲液-愈创木酚-过氧化氢所配制的反应液于比色杯中，之后吸取 0.1mL 的酶提取液，于 470nm 的分光光度计读取吸光值，空白对照组为未加酶液的反应液，每隔 1min 读取一次，测定反应前 3 分钟内的吸光值。

$$POD = (\Delta A470 \times V_t) / (0.1 W_f \times V_s \times t) \tag{6-10}$$

式中：$\Delta A470$ 为反应时间内吸光值的变化；V_t 为愈伤组织所提取的酶液总体积；V_s 为测定酶活时所加的酶液体积；t 为反应时间；W_f 为样品鲜重。

6.2.6.3 MDA 活性测定

取一些干净的试管，向试管中分别加入红花玉兰两种愈伤组织的酶提取液 1mL，随后加入 10% 的三氯乙酸、0.6% 的硫代巴比妥酸各 3mL 和 1mL，摇匀后使混合液在 95℃水浴锅中保温 0.5h，为了加速冷却可以将混合液置于冷水中放置片刻，冷却后在 4000r/min 的离心机中离心 10min，最后取上清液分别测定 600nm、532nm 和 450nm 三个波长下的吸光值。

$$MDA = [6.452 \times (A_{532} - A_{600}) - 0.559 \times A450] \times V_1 / (W \times V_2) \tag{6-11}$$

式中，V_1 为提取液总体积，V_2 为测定时所用的提取液体积，W 样品鲜重，A_{450}、A_{532}、A_{600} 分别为 3 种波长下的吸光值。

6.3 胚性愈伤组织的诱导

6.3.1 外植体处理及培养环境的选择

6.3.1.1 灭菌方式对外植体成活率及污染率的影响

对外植体进行适当的消毒灭菌可以保证外植体培养过程中的低污染率和褐化率，是组织培养成功的关键第一步。它既要求将植物体表面的微生物彻底杀死又要求尽可能伤害不到植物组织及表皮细胞。灭菌时间不足够，会导致外植体大量污染，毁坏材料，但是灭菌时间过长，又会使得材料受到伤害，直接褐化死亡。

在对幼嫩种子进行消毒灭菌时，采用了 75% 酒精、0.1% 升汞和有效氯含量为 6~14% 的次氯酸钠结合起来进行灭菌，既要保证外植体的高存活率，也要降低细菌、霉菌等的污染。如表 6-8 所示，当 75% 酒精、0.1% $HgCl_2$ 和 NaClO 溶液搭配使用时，外植体的染菌率才最低，分别为 20% 和 4%，且存活率也较高，为 76.7% 和 40.0%。NaClO 溶液灭菌时间提高到 6min 以后的染菌率明显下降，但同时存活率也降低，有可能是因为用 NaClO 灭菌时，溶液通过种子的珠孔部位渗入到胚里面，对胚造成一定程度的伤害所导致。综合考虑成活率和污染率两者情况，认为 75% 酒精灭菌 1min、$HgCl_2$ 灭菌 12min、NaClO 灭菌 3min 时的效果最好。

表 6-8　不同的消毒方式对外植体的影响

灭菌方式 （min）	接种总数 （个）	成活总数 （个）	成活率 （%）	污染总数 （个）	污染率 （%）
Alc 1	20	0	0	20	100
Alc 1+HgCl$_2$ 5	16	1	6.3	15	93.8
Alc 1 +HgCl$_2$ 12	17	2	11.8	15	88.2
Alc 1 +HgCl$_2$ 12+NaClO 3	30	23	76.7	6	20.0
Alc 1+HgCl$_2$ 12+NaClO 6	25	10	40.0	1	4.0

6.3.1.2 外植体褐化控制

愈伤组织在培养过程中培养基很容易出现变黑的现象，这是由于愈伤组织在培养过程中出现了褐化现象，而褐化物质又逐步渗透进培养基，最后导致外植体也进一步褐化而死亡(翟晓巧，2008)。在对红花玉兰种子进行体胚发生时，采用了多种防褐化方法，如寻找合适的灭菌方法、对种子进行预处理、基本培养基种类、抗氧化剂和吸附剂的使用、培养条件等，主要分为 4 部分：

(1)以基本培养基 MS 作为对照。

(2)基本培养基 1/2MS。

(3)对外植体冷藏 12h、24h、48h；向培养基中添加 VC 和 ST、AC 和 PVP 后再接入

1/2MS。

（4）两种培养条件：光照（8:00~20:00）和黑暗。具体的褐化比例结果如表6-6。

如表6-9所示，相对于MS培养基，1/2MS更适合外植体的生长，褐化比例明显要低于MS，仅有10.0%；冷藏24h再接入1/2MS培养基的褐化率仅有6.7%，与其他两种处理时间的褐化率都有显著差异，但相对于直接将外植体接入1/2MS培养基而不进行冷藏处理的10%之间差异不显著；VC和ST之间、AC和PVP之间差异都不显著，但只有加入VC之后的褐化率要低于对照组1/2MS，只有4%；将外植体置于黑暗条件下培养的褐化率要显著低于光照。因此，将种子冷藏24h，向1/2MS培养基添加中VC、暗培养之间没有显著差异，褐化率都很低，为6.7%、10.0%、4.0%、5.7%，此搭配为最佳的防褐化体系。

表6-9 不同的处理对外植体褐化的影响

种类	处理	接种数	褐化数（个）	褐化比例（%）
培养基类型	MS	20	8	40.0 bc
	1/2 MS	20	2	10.0d
冷藏时间	1/2 MS+4℃ 12h	15	3	20.0 bc
	1/2 MS+4℃ 24h	15	1	6.7d
	1/2 MS+4℃ 48h	15	7	46.7 b
抗氧化剂	1/2 MS+VC	50	2	4.0d
	1/2 MS+ST	18	2	11.1 cd
吸附剂	1/2 MS+AC	9	2	22.2 bc
	1/2 MS+PVP	9	3	33.3 bc
培养条件	黑暗	104	6	5.7d
	光照	10	7	70.0 a

注：采用邓肯氏多重比较法。小写字母表示 $P<0.05$ 水平上的多重比较，有相同字母即表示差异不显著，下同。

6.3.2 胚性愈伤诱导阶段

6.3.2.1 激素浓度的选择

将未成熟种子接种到诱导培养基上，经过10d左右的暗培养，外植体开始出现明显的变化，大部分外植体逐渐变得透明（图6-2a）。统计此时愈伤组织的诱导率。由表6-10可以发现：当培养基中不添加2,4-D时，愈伤组织的诱导率很低，只有10.5%，且后期无体胚发生能力。而在添加了2,4-D的培养基上，愈伤组织的诱导率都比不加2,4-D的培养基上的诱导率要高。从处理4~9可以看出，当2,4-D和6-BA的浓度不变时，愈伤组织的诱导率整体随着CH浓度的增大而增大；而处理1、2、3和10、11、12的诱导率随CH浓度的变化呈现先升高后降低的趋势，当CH浓度为750mg/L时，诱导率最高的可达96.8%和91.7%。推测出现以上诱导率差异的原因可能来源于生长素与分裂素的比例的不同：当CH浓度为750mg/L时，2,4-D与6-BA的比例分别为10、5、15、7.5，对应的诱导率为96.8%、58.5%、46.2%和91.7%。比例太高或太低都不利于愈伤组织的诱导，只有当生长素 2,4-D 与分裂素 6-BA 的比例为 10 时，诱导率才能达到最高，即 96.8%，即最佳的组合为 2.0mg/L 2,4-D+0.2mg/L 6-BA+750mg/L CH。

6.3.2.2 水解酪蛋白对愈伤组织诱导的影响

氨基酸作为一种重要的有机氮化合物，可以直接被细胞吸收利用，具有调节培养物体内平衡的作用，还对胚状体的分化具有良好的促进作用。而水解酪蛋白是一种混合了多种氨基酸的氨基酸类物质，在此次愈伤组织的诱导过程中有一定的作用。在 2,4-D 和 6-BA 浓度一定的情况下，出现了随着 CH 浓度的升高诱导率逐渐升高或者先升后降的趋势，说明 CH 对诱导率产生了一定的影响。可能是因为水解酪蛋白富含各种氨基酸，满足愈伤组织诱导阶段的营养需求。

表 6-10　激素处理对红花玉兰愈伤组织诱导的影响

处理	2,4-D	6-BA	CH	诱导率(%)	2,4-D/6-BA
0	0	0.2	500	10.5	0
1	2.0	0.2	500	71.4	—
2	2.0	0.2	750	96.8	10
3	2.0	0.2	1000	65.8	—
4	2.0	0.4	500	55.7	—
5	2.0	0.4	750	58.5	5
6	2.0	0.4	1000	76.7	—
7	3.0	0.2	500	39.5	—
8	3.0	0.2	750	46.2	15
9	3.0	0.2	1000	66.7	—
10	3.0	0.4	500	53.3	—
11	3.0	0.4	750	91.7	7.5
12	3.0	0.4	1000	83.4	—

6.3.2.3 蔗糖浓度对胚性愈伤组织诱导的影响

接种 20d 左右时，透明的愈伤组织表面逐渐有白色、球形物突起(图 6-2c)。如果此时将带有白色球形物的愈伤继续转接到原培养基上继续培养，外植体逐渐变黑逐渐死亡(图 6-2b)。此刻将此培养物转接到蔗糖浓度提高的培养基上之后继续培养 20d 左右，外植体表面出现更多致密的球形突起物(图 6-2c)，统计出现球形物的外植体数量。由表 6-11 可以看出，转接到蔗糖浓度提高的培养基上以后，胚性愈伤组织的诱导率比继代至原培养基上的诱导要高，最高达 64.7%，而原培养基只有 24.5%。分析可能是因为提高蔗糖浓度以后，给培养基造成了一种胁迫环境，为胚性愈伤的诱导提供良好的条件。

表 6-11　不同的继代情况对胚性愈伤生长的影响

继代培养	处理	诱导率(%)	均值(%)
蔗糖浓度	4%	39.8	39.8
	5%	50.0	50.0
	6%	64.7	64.7
原诱导培养基	1	0.0	
	2	50.0	
	3	23.5	
	4	26.7	
	5	50.0	
	6	16.7	24.5
	7	33.6	
	8	40.0	
	9	8.3	
	10	33.3	
	11	0.0	
	12	12.6	

注：24.5 为处理 1~12 诱导率的平均值。

6.4　胚性愈伤组织的增殖

如图 6-1 所示，分别表示了第 10d、15d、20d、25d 分别相对于接种第 1d 时的增重量。从图中可以看出，这个过程总体趋势都是重量增加的过程(>0)，接种 10d 时，5 种处理的增重量在 0.41~0.50g 之间，接种 15d 时的愈伤重量相对于第 10d 的时候又稍有减小，之后又急剧上升，到 20d 的时候增重量达到最大，当 KT 浓度为 4.0mg/L 时，增重最大可达 0.72g，KT 浓度为 0.25mg/L 时，增重最大可达 0.7g，与 4mg/L 相差不大，之后又整体呈现下降的趋势，可能是由于接种 25d 左右时，培养基中的营养已消耗完，需及时转接至新培养基中。考虑到经济性，选择最好的增殖组合为 MS＋0.25m/L KT＋0.1mg/L NAA＋200mg/L CH。

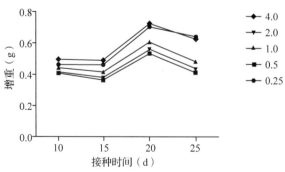

图 6-1　不同处理的愈伤组织增重量随接种时间变化规律

6.5 体胚的诱导

6.5.1 生长素与分裂素组合对体胚诱导的影响

将愈伤组织诱导阶段获得的胚性愈伤组织转接到生长素 NAA 与细胞分裂素 ZT、KT、6-BA 搭配的体胚诱导培养基上之后，经过近 1 个月左右的诱导，胚性愈伤表面逐渐鼓出透明、球形状的体细胞胚(图 6-2e)，继续培养出现心形胚(图 6-2f)。可能由于培养基成分不适合心形胚的进一步培养或者材料本身的原因，没有得到鱼雷、子叶形胚。具体诱导率见表 6-12。

表 6-12　激素配比对体胚诱导的影响

激素种类	浓度(mg/L)	接种数(个)	诱导体胚个数(个)	诱导率(%)
KT+NAA	0.01+0.01	66	17	25.8 a
KT+NAA	0.05+0.05	70	22	31.4 a
KT+NAA	1.0+0.1	228	18	7.9 b
KT+NAA	2.0+0.1	230	20	8.7 b
ZT+NAA	2.0+0.1	45	4	8.9 b
6-BA+NAA	2.0+0.1	47	3	6.4 b

由表 6-12 可以看出，只有当分裂素与生长素浓度比为 1:1 时，体胚诱导率可达 30% 左右，最高为 31.4%，显著高于其他处理(低于 10%)。分裂素浓度过高，不利于胚性愈伤组织的生长，甚至可能导致愈伤的非胚性化。

6.5.2 生长素与脱落酸组合以及培养条件对体胚诱导的影响

挑选生长状态较好的胚性愈伤组织接种到生长素 NAA 和脱落酸 ABA 组合的诱导培养基上，NAA 浓度为 0mg/L、0.1mg/L，ABA 浓度为 0.5mg/L、1.0mg/L、2.0mg/L，一部分在光下培养，一部分放置于黑暗条件下培养，在培养过程中会出现非胚的情况，分别记录了非胚率和体胚诱导率，见表 6-13。从表 6-13 中可以看出，在黑暗条件下 4 种激素处理的体胚诱导率均比光照条件下高，且胚性愈伤的非胚性化(图 6-2d)也比光照条件下低。在黑暗条件下，当 NAA 浓度不变时，随着 ABA 浓度的提高，体胚诱导率先降低后升高，但最高仍为处理 1，当不添加 NAA，ABA 浓度为 2.0mg/L 时，体胚诱导率最高，达 91.7%。

表 6-13　不同的培养条件下不同激素配比对胚性愈伤生长的影响

处理	激素配比 (NAA+ABA)	黑暗条件			光照条件		
		接种数 (个)	非胚率 (%)	体胚诱导率 (%)	接种数 (个)	非胚率 (%)	体胚诱导率 (%)
1	0.1+0.5	17	35.3	64.7	29	96.5	3.4
2	0.1+1.0	6	83.3	16.7	30	90	10
3	0.1+2.0	23	56.5	43.5	7	71.4	28.6
4	0+2.0	12	8.3	91.7	27	81.5	18.5

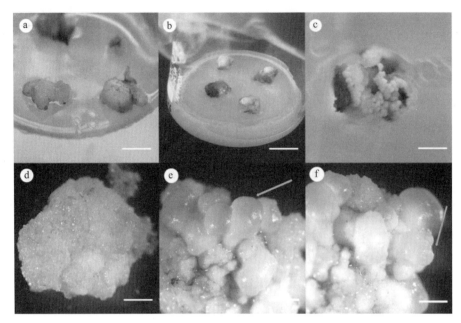

图 6-2　未成熟种子体胚诱导过程

a. 愈伤化的外植体；b. 外植体褐化现象；c. 胚性愈伤组织；d. 非胚性愈伤组织；e. 球形胚
（箭头）；f. 心形胚（箭头）

6.6　胚性与非胚性愈伤细胞组织学观察

　　经过一段时间的培养，获得两种类型的愈伤，即胚性愈伤组织与非胚性愈伤组织。非胚性愈伤组织具有增殖速度快、结构松软、易碎，且无体胚发生的能力；而胚性愈伤组织增殖速度相对较慢、结构紧密、白色平滑，具有发育成体细胞胚胎的能力。对胚性愈伤与非胚性愈伤组织进行切片观察可以发现：红花玉兰未成熟种子诱导的非胚性愈伤组织细胞体积比较大，细胞大小和排列不规则，染色较浅甚至无染色，不易观察到细胞质和细胞核（图 6-3d）；而胚性愈伤组织体积比非胚性愈伤组织要小、细胞排列整齐紧密、细胞大小均一、核大、细胞质染色深且浓厚（图 6-3a）、富含淀粉粒等内含物（图 6-3b），且胚性细胞大量分布于组织的外围，形成大量突起（图 6-3c）。除此之外，外围的胚性愈伤组织细胞内部有少量细胞大、无核的非胚性细胞，这说明红花玉兰的胚性愈伤组织的增殖是从外层的胚性细胞开始的，且胚性细胞的起源为外部起源。

6.7　胚性与非胚性愈伤组织生理生化差异分析

6.7.1　胚性与非胚性愈伤的 SP、SS、Pro 差异分析

6.7.1.1　胚性与非胚性愈伤可溶性蛋白差异分析

　　标准曲线见图 6-4，标准曲线方程为 $y = 0.0057x + 0.0092$，$R^2 = 0.99904$，相关性较强，

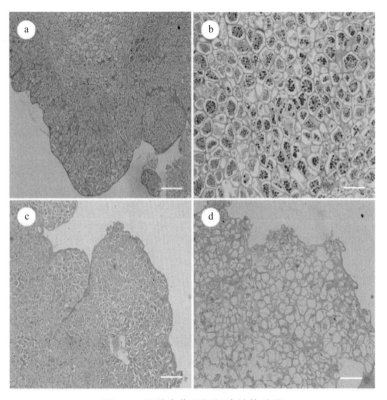

图 6-3 两种愈伤组织细胞结构差异

a. 胚性愈伤组织；b. 胚性愈伤组织细胞内丰富的内含物；c. 胚性愈伤组织表面突起；d. 非胚性愈伤组织

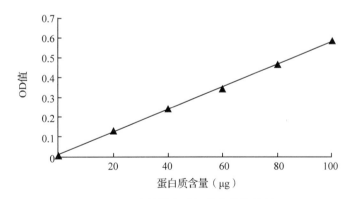

图 6-4 可溶性蛋白质标准曲线的绘制

可以使用。

　　蛋白质作为自然界生命存在、活动的物质基础，为生命体的细胞、组织及器官等活动提供了条件。而可溶性蛋白质作为植物生长发育过程中不可缺少的储藏物质，研究其在体胚发生过程中的变化对体胚形成具有重要的指导意义。经不同浓度的蔗糖和 ABA 处理后的愈伤组织的可溶性蛋白含量变化较大(图 6-5)。相对于非胚性愈伤组织，3 种蔗糖浓度对胚性愈伤的可溶性蛋白含量都显著高于非胚性愈伤组织，且随着蔗糖浓度的升高，可溶性蛋白呈现先上升后下降的趋势，5%和6%蔗糖对胚性愈伤的可溶性蛋白含量的影响之间无明显差异，但都显著高于4%蔗糖对其的影响。3种ABA浓度对可溶性蛋白含量的影响无显著差异，同时与非胚性愈伤组织的可溶性蛋白含量之间也无明显差异。

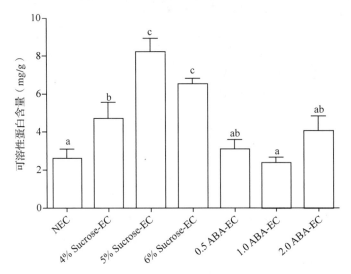

图6-5　不同的蔗糖和脱落酸浓度对胚性与非胚性愈伤
可溶性蛋白的差异显著性分析

6.7.1.2　胚性与非胚性愈伤可溶性糖差异分析

标准曲线见图6-6，标准曲线方程为$y = 0.0042x - 0.0101$，$R^2 = 0.99713$。相关性强，可以使用。

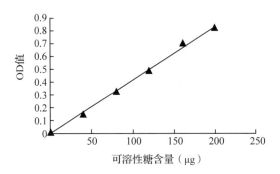

图6-6　可溶性糖标准曲线的绘制

糖是高等植物体内物质转化的一种重要形式，种类多且含量丰富是糖类的一大特点，对植物的生长发育发挥着重要作用。可溶性糖可以作为渗透调节剂，影响体细胞胚胎的诱导和发育，也可以作为一种能源物质为细胞代谢提供能量。本研究设计了不同的蔗糖浓度和ABA浓度处理后的胚性愈伤组织的可溶性糖含量试验，以探究其影响。胚性愈伤经不同浓度蔗糖和ABA处理之后的可溶性糖含量如图6-7所示。相对于非胚性愈伤组织，3种蔗糖浓度的胚性愈伤的可溶性糖含量均显著高于非胚性，且相互之间差异也显著，当蔗糖浓度为6%时，可溶性糖含量达到最大；3 种不同的 ABA 浓度对胚性愈伤的可溶性糖含量的影响差异也显著，但当 ABA 浓度为 2.0mg/L 时，胚性愈伤的可溶性糖含量急剧下降，显著低于非胚性愈伤的可溶性糖含量；6 种处理之间 6% 蔗糖显著高于其他处理，5% 蔗糖与 0.5mg/L ABA 之间无显著差异，4% 蔗糖与 1.0mg/L ABA 之间差异也不显著。

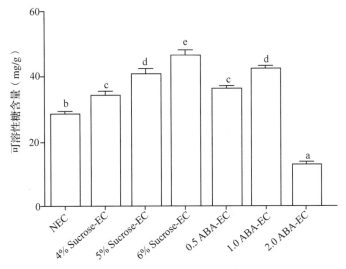

**图 6-7　不同的蔗糖和脱落酸浓度对胚性与非胚性愈伤
可溶性糖的差异显著性分析**

6.7.1.3　胚性与非胚性愈伤游离脯氨酸差异分析

标准曲线见图 6-8，标准曲线方程为：$y = 0.027x + 0.1014$，$R^2 = 0.99406$，相关性强，可以使用。

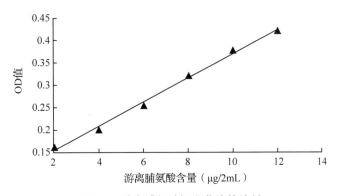

图 6-8　游离脯氨酸标准曲线的绘制

脯氨酸是植物体内一种重要的渗透调节物质，不仅可以清除活性氧，还可以调节细胞内酸碱度、氧化还原电势以及保护细胞内酶等。为此，本试验也设计了不同的蔗糖浓度和 ABA 浓度对红花玉兰胚性与非胚性愈伤组织游离脯氨酸含量的测定试验，以探究其影响。胚性愈伤经不同浓度蔗糖和 ABA 处理之后的游离脯氨酸含量如图 6-9 所示。从图中可以看到，3 种蔗糖浓度对胚性愈伤脯氨酸含量的影响都显著高于非胚性愈伤组织，且 3 种浓度之间也差异显著，其中当蔗糖浓度为 5% 时，游离脯氨酸的含量最高；但是 3 种 ABA 浓度对胚性愈伤进行处理之后的游离脯氨酸含量却与非胚性愈伤之间无差异，甚至低于非胚性愈伤的游离脯氨酸含量。

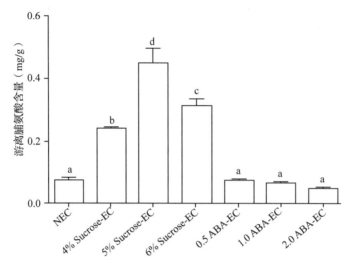

**图 6-9　不同的蔗糖和脱落酸浓度对胚性与非胚性愈伤
游离脯氨酸含量的差异显著性分析**

6.7.2　胚性与非胚性愈伤组织 3 种同工酶差异分析

分别对胚性与非胚性愈伤的 SOD、POD、MDA 活性进行测定，结果如图 6-10～图 6-12 所示。

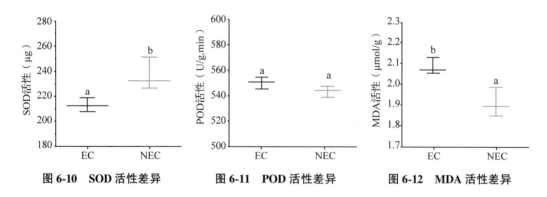

图 6-10　SOD 活性差异　　**图 6-11　POD 活性差异**　　**图 6-12　MDA 活性差异**

将胚性愈伤组织接种至含有 ABA 的培养基上进行培养，一段时间以后测定胚性愈伤与非胚性愈伤的 SOD、POD 和 MDA 活性。从上图 6-10～图 6-12 中可以看出，胚性愈伤组织的 SOD 酶活性显著低于非胚性愈伤组织，胚性愈伤组织的 POD 活性与非胚性愈伤没有显著区别，MDA 却显著高于非胚性愈伤组织。

6.8 小结

6.8.1 褐化

产生褐化现象的原因可归结为酶促褐变和非酶促褐变。非酶促褐变是由于外植体在培养过程中培养环境的不适宜，使外植体受到胁迫所造成的细胞程序化死亡或自然发生的细胞死亡。大多数外植体发生的褐变跟植物体本身的特性有关，酶促褐变是由于多酚氧化酶作用于酚类物质而产生醌类物质所造成的褐变现象。植物体细胞在正常生长条件下，细胞内的酚类物质与多酚氧化酶有区划性，即细胞中的酚类物质主要存在于液泡内，而酶类物质主要存在于各种质体和细胞质中，且在不同区域含量水平也维持在一个相对稳定的阶段；而在细胞受到机械损伤等逆境条件下，就会破坏酶和底物的分布，在遇到合适的温度和 pH 时就会使酶和底物发生反应生成褐色的醌类物质从而发生褐化现象。由于红花玉兰种皮所特有的坚硬特性，使得接种之前的切割过程耗时较长，这段时间很容易造成还未进行接种就已经出现了褐化的现象。为了缓解这一弊病，在接种时我们可以将切割好的胚放入带有少量无菌水的培养皿(附灭菌滤纸)中，并尽快接种，这样可以尽量避免种子接触空气，减少材料的浪费。

6.8.2 生长素 2,4-D 对愈伤组织诱导的影响

2,4-D 作为一种生理作用很强的生长素，对于诱导胚性愈伤组织必不可少。韦虹宇在研究连香树的体胚发生(韦虹宇，2016)时，发现生长素 2,4-D 是非常必要的，但过高的浓度会抑制胚性愈伤的分化，这与邓朝军对荔枝(*Litchi chinensis*)的研究结果相同(邓朝军，2005)。胡萝卜(*Dancus carota*)种子萌发的下胚轴在不含 2,4-D 的培养基上刺激根的生长，而在含 2,4-D 的培养基上促进了愈伤组织的诱导和增殖(Bangerth F，2001)。冉佳鑫等在研究领春木(*Euptelea pleiospermum*)的体胚发生时，发现在添加了 2,4-D 的培养基上有胚性愈伤组织的诱导，且高浓度 2,4-D 的诱导效果没有低浓度好，可能是因为过高的生长素浓度对幼胚产生了伤害(冉佳鑫等，2012)，这一现象在陈金慧的研究中也有报道(陈金慧，2003)。同时，诱导出胚性愈伤组织以后，要及时将 2,4-D 去除才有利于体胚的诱导，有研究表明，此阶段若不及时将 2,4-D 去掉，胚性愈伤将不能进入到体胚诱导的阶段(崔凯荣等，2000)。在对红花玉兰的胚性愈伤进行诱导时，含有 2,4-D 的培养基中都有诱导出胚性愈伤组织，但是由于在含有 2,4-D 的培养基上培养时间过长，大致在 2 个月左右，导致 2,4-D 对之后的愈伤增殖以及体胚诱导产生了明显的抑制作用，这时需提高分裂素的浓度以中和残余的生长素的影响，且分裂素的浓度范围要从宽到窄、逐步缩小，以探索最适合的分裂素浓度范围。

6.8.3 非胚性愈伤组织的控制

在进行胚性愈伤组织增殖的过程中，经常有非胚性愈伤组织的出现，这就导致了体胚诱导的困难。除了通过胚性愈伤增殖可以获得大量胚性愈伤外，陈金慧等通过对非胚性与胚性愈伤组织进行切片观察得知：非胚性愈伤组织表面的细胞通过活跃的有丝分裂进行细

胞的分裂与增殖，即非胚性愈伤组织可以转化为胚性愈伤组织细胞（陈金慧，2012）；张栋等诱导水稻的愈伤组织时发现，ABA 和 NAA 结合使用可以促进水稻原生质体诱导的非胚性愈伤向胚性愈伤转变（张栋等，1995）。这也是通过非胚性愈伤组织获得胚性愈伤组织的另一条途径。这一结论是否适用于红花玉兰的愈伤组织还需进一步验证。

6.8.4　ABA 对体胚诱导及成熟的影响

脱落酸 ABA 可以促进植物叶片脱落，使芽进入休眠状态，抑制细胞的伸长。ABA 有促进体胚诱导的作用，如在白云杉（*Picea glauca*）的研究中发现，用 ABA 处理愈伤组织 6h 以后会合成新的蛋白质，同时提高了体胚发生的频率（Dong et al.，1996）。同时，ABA 还有促进种子成熟和休眠的作用，在种子成熟过程中，有两个 ABA 积累高峰，一个是卵细胞受精时，另一个是胚胎起始点。与种胚发育过程类似，ABA 也会促进体胚的成熟，抑制体胚的过早萌发，抑制畸形胚的产生。在体胚的诱导过程中，使用适当浓度的 ABA 可以有效地对胚性愈伤进行诱导，使胚性愈伤结构致密；但在红花玉兰体胚成熟过程中，0.5~2.0mg/L 的 ABA 并没有表现出明显的促进成熟的作用，反而对体胚的形态维持具有一定的作用。关于 ABA 是否有利于体胚的成熟，我们可以通过适当增大其浓度来进一步验证。除了 ABA，我们可以试图通过调控蔗糖浓度高低，造成一种胁迫~解除胁迫~再胁迫的方式来调控体胚的成熟。

6.8.5　胚性与非胚性愈伤组织组织学观察

组织学的观察是研究体胚发育的重要方法之一，目前关于单细胞起源还是多细胞起源、内起源还是外起源有大量报道，但是由于树种不同尚无定论。大多数学者认为胚状体与合子胚类似，都遵从单细胞起源学说，如水稻（李中奎等，2001）、糜子（*Panicum miliaceum*）（张树录等，1992）、四合木（*Tetraena mongolica*）（何丽君等，2003）、花生（*Arachis hypogaea*）（林荣双等，2003）等单、双子叶植物。还有的学者认为大蒜（*Allium sativum*）等的体胚发生是起源于多细胞学说（瞻园凤等，2006）。对胚性与非胚性愈伤进行切片，可以明显观察出非胚性愈伤与胚性愈伤的区别。为了探索体胚发生的过程，我们了解到红花玉兰的胚性愈伤组织的增殖为外起源为主，具有分裂能力的胚性愈伤组织主要分布于愈伤组织的外围。了解这一点对遗传转化具有重要意义。在之后的试验中，我们需着力于关注从胚性愈伤组织到体胚诱导的过程中体胚发育状况和组织水平上的鉴定，探索各个阶段的起源以及细胞分裂方式，这将会对体胚发生具有重要的指导意义。

6.8.6　胚性与非胚性愈伤组织 SP、SS、Pro 差异分析

蔗糖是植物体内重要的能量载体，也是其生长、发育过程中的重要化合物之一。高等植物的叶片在生长活动过程中所形成的蔗糖有两条代谢途径：一部分被水解成葡萄糖和果糖，另一部分则被运输到贮藏薄壁组织的液泡中并积累（刘洋等，2012）。这也解释了较高浓度蔗糖处理胚性愈伤后，其可溶性糖含量升高的原因。而胚性愈伤组织中的主要代谢物质蛋白质含量较高，可能是由其它主代谢物质如糖和淀粉转化而来（张献龙等，1992）。赖钟雄等对荔枝的胚性愈伤组织进行体胚分化优化试验时，在高糖 6% 的 MS 培养基上获得

了荔枝的高频率体胚发生，诱导率达 100%，之后在 MS 培养基上又添加了椰子汁，成功诱导体胚正常成熟（赖钟雄等，2003）。另一方面，高糖浓度可以提高培养基的渗透压，因此适度的胁迫也可以使胚性愈伤中积累更多的渗透调节物质，如陈金慧等利用杂交鹅掌楸的未成熟种子进行了体细胞胚胎发生研究，通过提高蔗糖浓度来提高培养基的渗透压，从而有利于体细胞胚胎发生（陈金慧等，2003）。除此之外，还有一些其他因素可对植物组织造成胁迫环境，如吴敏等人通过研究干旱胁迫对栓皮栎幼苗细根的影响时发现，适当的胁迫可以使植物细胞积累更多渗透调节物质，并保持更高的抗氧化酶活性（吴敏等，2014）。罗杰等研究了干旱胁迫对润楠（*Machilus pingii*）幼苗生长和生理生化指标的影响，得出了主要渗透调节物质可溶性糖含量、可溶性蛋白含量随着干旱时间延长表现为先升后降，脯氨酸含量逐渐升高的现象（罗杰等，2015）。同样的，在金光杏梅（刘遵春等，2008）以及台湾栾树（*Koelreuteria elegans*）（林武星等，2014）的研究中也得出了同样的结论。除了干旱胁迫外，还有甘露醇（苏江，2016）、琼脂浓度等都在提高培养基渗透压方面有一定的作用。

脱落酸 ABA 在植物体内主要有两种功能：一种是抑制细胞的伸长和分裂，促进种子休眠，防止种子过早地萌发；二是当植物遇到干旱、高盐、高温、低温等不利的非生物胁迫因素时可以适当进行自我调节。大量研究表明，ABA 对体胚的发生发育有重要作用（Mundy et al.，1990），添加适量外源 ABA 可明显提高体胚发生的频率与质量（Li et al.，1995；崔凯荣等，1998；Fernando et al.，2000；Nakagawa et al.，2001；Stasolla et al.，2003）。添加 ABA 可以提高培养基的渗透势，可使愈伤组织逐渐转变为致密的胚性愈伤组织（霍妙娟等，2007）。但在本次试验中，添加 ABA 并没有提高胚性愈伤组织的生理生化指标，且生长状况也不理想。

6.8.7　胚性与非胚性愈伤组织 3 种同工酶差异分析

超氧化物歧化酶，依赖于生命体而存在的一种酶，是一种源于生命体的活性物质。超氧化物歧化酶在植物体内可以消除生物体在代谢过程中所产生的有害物质，对植物的生长具有重要的意义。因为生物体在代谢过程中不断产生的超氧阴离子，具有极强的氧化作用，会对生物造成氧毒害作用。而 SOD 含有超氧自由基清除离子，能有效将超氧自由基转化为过氧化氢；而 CAT 即过氧化氢酶，可以有效地将生物体内的过氧化氢分解，消除毒害作用。MDA 即丙二醛，是膜脂过氧化的重要产物，它的产生又会加剧膜的损伤。胚性愈伤组织的 POD 与非胚性愈伤没有显著差别，甚至 SOD 显著低于非胚性愈伤，而 MDA 显著高于非胚性愈伤。正常情况下，生长状况良好的胚性愈伤组织会比非胚性愈伤组织表现出更好的生理状态，而本研究测得的胚性愈伤的生长状况却不如非胚性愈伤好，这说明经过一段时间的培养，该培养环境已经对胚性愈伤造成了严重迫害，超出其承受范围，由此得出 0.5~2.0mg/L 的 ABA 不适宜体胚的成熟。这一测定结果与诱导阶段体胚的生长状况表现一致。

参考文献

安飞飞，朱文丽，杨红竹，等. 2011. 影响木薯嫁接因素的分析[J]. 热带生物学报，2(1)：30-34.

安三平，王丽芳，石红，等. 2011. 蓝云杉不同品种扦插生根能力和生根特性研究[J]. 林业科学研究，24(4)：512-516.

毕艳娟，高书国，乔亚科，等. 2002. 植物生长调节剂对白玉兰组织培养的影响[J]. 河北职业技术师范学院学报，16(3)：14-16.

蔡雪玲，陈晓静，申艳红，等. 2011. 番木瓜胚性愈伤组织的诱导及体胚发生[J]. 福建农林大学学报（自然科学版），40(2)：122-127.

曹静，周丽侬，邝哲师，等. 1995. 白鹤芋花序体细胞胚胎发生及植株再生的研究[J]. 农业生物技术学报，(3)：81-85.

曹有龙，贾勇炯，陈放，等. 1999. 枸杞花药愈伤组织悬浮培养条件下胚状体发生与植株再生[J]. 云南植物研究，21(3)：346-350.

曾宋君，彭晓明，曾庆文. 2008. 深山含笑的组织培养和快速繁殖[J]. 热带亚热带植物学报，8(3)：264-268.

陈碧华. 2012. 杂交马褂木组织培养技术研究[J]. 湖北林业科技，03：10-13.

陈春玲，赖钟雄. 2002. 龙眼胚性愈伤组织体胚发生同步化调控及组织细胞学观察[J]. 福建农林大学学报（自然科学版），31(2)：192-194.

陈发菊，张丽萍，卢斌，等. 2000. 长江三峡珍稀植物—巴东木莲冬芽的组织培养[J]. 生物学通报，35(6)：36.

陈芳，陈强，陈娟. 2005. 云南拟单性木兰的组织培养[J]. 植物生理学通讯，(4)：494.

陈菲，李黎，宫伟. 2005. 植物组织培养的防褐化探讨[J]. 北方园艺，02：69.

陈金慧，施季森，甘习华，等. 2006. 杂交鹅掌楸体胚发生过程中 APT 酶活性的超微细胞化学定位[J]. 西北植物学报，26，(1)：0012-0017.

陈金慧，施季森，诸葛强，等. 2003. 杂交鹅掌楸体细胞胚胎发生研究[J]. 林业科学，(4)：49-53，177.

陈金慧，施季森，诸葛强，等. 2003. 植物体细胞胚胎发生机理的研究进展[J]. 南京林业大学学报（自然科学版），27(1)：75-80.

陈金慧，张艳娟，李婷婷，等. 2012. 杂交鹅掌楸体胚发生过程的起源及发育过程[J]. 南京林业大学学报（自然科学版），36(1)：16-20.

陈金慧，张艳娟，吴亚云，等. 2013. 植物磺肽素在杂交鹅掌楸体胚发生中的作用[J]. 林业科学，49(2)：33-38.

陈凯. 2004. 植物组织培养中褐变的产生机理及抑制措施[J]. 安徽农业科学，05：1034-1036.

成铁龙，孟岩，陈金慧，等. 2017. 茉莉酸甲酯对杂交鹅掌楸体胚发育的影响[J]. 南京林业大学学报（自然科学版），41(06)：41-46.

程忠生，方金捍，程荣亮，等. 1997. 马褂木有性繁殖实验[J]. 浙江林业科技，17(6)：18-21.

初庆刚，张长胜. 1992. 梨树嫁接愈合的解剖观察[J]. 莱阳农学院学报，4(04)：256-259.

褚建民，周凌娟，王阳，等. 2002. 白玉兰离体培养和快速繁殖[J]. 防护林科技，53(4)：29-31.

崔凯荣，裴新梧，秦琳，等. 1998. ABA 对枸杞体细胞胚发生的调节作用[J]. 实验生物学报，31(2)：195-201.

崔凯荣，邢更生，周功克，等. 2000. 植物激素对体细胞胚胎发生的诱导与调节[J]. 遗传，22(5)：

349-354.

邓朝军. 2005. 荔枝高频率体细胞胚胎发生及植株再生研究[D]. 湖南农业大学.

邓佳, 刘惠民, 张南新, 等. 2013. 采后钙及热处理对葡萄柚果实贮藏期细胞壁物质代谢的影响[J]. 北方园艺, (02): 123-129.

邓小梅, 奚如春, 符树根. 2007. 乐东拟单性木兰组培再生系统的建立[J]. 江西农业大学学报, (02): 198-202.

狄翠霞, 安黎哲, 张满效, 谢忠奎. 2005. 西伯利亚百合器官离体培养及结鳞茎的研究[J]. 西北植物学报, (10): 1931-1936.

翟晓巧. 2008. 木本植物组织培养褐化控制策略[J]. 河南林业科技, (1): 38-40.

丁平海, 沙立杰, 郗荣庭. 1986. 核桃苗木枝接愈合过程观察[J]. 河北农业大学学报, 27(04): 6-11.

杜凤国, 刁绍起, 王欢, 等. 2006. 天女木兰的组织培养[J]. 东北林业大学学报, (2): 42-43.

杜丽, 叶要妹, 包满珠. 2006. 香樟未成熟合子胚体胚发生及植株再生研究[J]. 林业科学, (6): 37-39, 145.

冯金玲, 杨志坚, 陈辉, 等. 2011. 油茶芽苗砧嫁接体的亲和性生理[J]. 福建农林大学学报(自然科学版), 40(01): 24-30b.

冯金玲, 杨志坚, 陈辉. 2012. 油茶芽苗砧嫁接口不同发育时期差异蛋白质分析[J]. 应用生态学报, 23(08): 2055-2061b

冯金玲, 杨志坚, 陈辉. 2012. 油茶芽苗砧嫁接体愈合过程 AFLP 分析[J]. 中南林业科技大学学报, 32(03): 141-146a.

冯金玲, 杨志坚, 陈世品, 等. 2011. 油茶芽苗砧嫁接过程中苯丙烷代谢的若干生理指标[J]. 福建农林大学学报(自然科学版), 40(3): 264-270c.

冯金玲. 2011. 油茶芽苗砧嫁接体愈合机理研究[D]. 福建农林大学.

付影, 荣俊冬, 陈礼光, 等. 2007. 植物组织培养中褐变问题研究进展[J]. 亚热带农业研究, 03: 190-195.

高晗, 陈发菊, 王毅敏, 梁宏伟. 2018. 楸树胚性细胞悬浮系的建立和植株再生[J]. 基因组学与应用生物学: 1-6.

高俊凤. 2006. 植物生理学实验指导[M]. 北京: 高等教育出版社, 140-144.

高翔翔. 2008. 花楸体细胞胚高频诱导及萌发促进的研究[D]. 东北林业大学.

高艳鹏, 张善红. 2001. 红枫、白玉兰嫩枝全光雾扦插技术[J]. 山东林业科技, (S1): 156-157.

龚弘娟, 李洁维, 蒋桥生, 等. 2008. 不同植物生长调节剂对中华猕猴桃扦插生根的影响[J]. 广西植物, 28(3): 359-362.

谷绪环, 金春文, 王永章, 等. 2008. 重金属 Pb 与 Cd 对苹果幼苗叶绿素含量和光合特性的影响[J]. 安徽农业科学, 36(24): 10328-10331.

谷延泽, 高瑞彦. 2008. 植物组织培养中的褐化现象及防治措施[J]. 河北农业科学, (6): 56-58.

关义军, 宁中凯, 万燕华. 2012. 黄玉兰硬枝扦插育苗试验初报[J]. 现代园艺, (05): 10-11.

郭治友, 肖国学, 龙应霞, 等. 2008. 珍稀植物鹅掌楸组织培养与离体快繁技术研究[J]. 林业实用技术, (4): 42-43.

哈特曼. 1985. 植物繁殖原理和技术. 北京: 中国林业出版社.

郝建平, 周小梅, 李宝平, 等. 1994. 蛇床幼茎离体培养中体细胞胚胎形成的观察[J]. 武汉植物学研究, 12(3): 247-252.

郝跃, 彭作登, 梁大伟. 2010. 红花玉兰播种育苗及抚育管理技术[J]. 林业实用科技, (3): 47-48.

郝跃. 2010. 红花玉兰变种实生苗繁殖关键技术与标准化育苗体系研究[J]. 北京: 北京林业大学.

何丽君, 于卓. 2003. 衡危植物凹合木的离体培养组织学观察及再生植株的研究[J]. 内蒙古农业大学学报，24（2）：27-32.

何彦峰. 2008. 武当木兰嫁接育苗试验[J]. 林业科技开发，22（05）：111-112.

何彦峰. 2010. 我国木兰属植物研究进展[J]. 北方园艺，（03）：186-190.

何跃君，薛立，任向荣，等. 2008. 低温胁迫对六种苗木生理特性的影响[J]. 生态学杂志，27（04）：524-531.

贺随超，马履一，陈发菊. 2007. 红花玉兰变种种质资源遗传多样性初探[J]. 西北植物学报，27（12）：2421-2428.

贺随超，马履一，陈发菊. 2009. 红花玉兰变种种质资源遗传多样性初探[J]. 西北植物学报，29（3）：78-83.

胡晓敏，董华政，叶小玲，等. 2014. 红运玉兰嫁接繁育技术初探[J]. 广东园林，（01）：71-73.

扈红军. 2008. 榛子扦插生根机理与繁殖技术的研究[D]：山东农业大学.

怀慧明，贾忠奎，马履一. 2010. 红花玉兰愈伤组织的诱导研究[C]. 第九届中国林业青年学术年会，中国四川成都.

怀慧明. 2011. 红花玉兰变种离体快繁组织培养技术研究[D]. 北京林业大学.

黄百渠. 1991. 植物体细胞遗传学简明教程[M]. 长春：东北师范大学出版社，45-74.

黄浩，鲁明波，梅兴国. 1999. 红豆杉细胞培养中抗褐变剂的筛选[J]. 华中理工大学学报，04：108-110.

黄坚钦，章滨森，陆建伟，等. 2001. 山核桃嫁接愈合过程的解剖学观察[J]. 浙江林学院学报，18（02）：3-6.

黄镜浩，谢江辉，王松标，等. 2009. 扁桃杧（*Mangifera persiciformis*）体胚发生及再生体系建立[J]. 果树学报，26（2）：176-179，264.

黄曼娜，孙华丽，宋健坤，等. 2014. '杏叶梨/杜梨'嫁接愈合过程的解剖学与生理学研究[J]. 青岛农业大学学报（自然科学版），（03）：177-182.

黄树军，荣俊东，车志，等. 2014. 厚朴苗的组织培养研究[J]. 江西农业大学学报，36（2）：364-370

黄运平，李毅. 2002. 巴东木莲嫁接繁殖初步研究[J]. 武汉科技学院学报，15（03）：23-24.

霍妙娟，魏岳荣，胡家金，等. 2007. 脱落酸在植物体细胞胚胎发生中的调控作用，中国生物工程杂志，27（11）：92-98

贾小明，张焕玲，张存旭. 2011. 栓皮栎体胚再生与增殖能力的保持研究[J]. 西北农林科技大学学报（自然科学版），39（10）：81-86+93.

贾忠奎，管玄玄，马履一，等. 2009. 玉兰亚属植物种子预处理及播种技术研究进展[J]. 林业实用技术，（1）：3-6.

江昌俊，余有本. 2001. 苯丙氨酸解氨酶的研究进展（综述）[J]. 安徽农业大学学报，15（04）：425-430.

金国庆. 2006. 杂种马褂木扦插繁殖技术的研究[J]. 林业科学研究，19（3）：370-375.

金芝兰. 1980. 番茄和马铃薯嫁接愈合的研究[J]. 园艺学报，（03）：37-42.

赖钟雄，桑庆亮. 2003. 荔枝胚性愈伤组织体胚发生系统的优化及转化抗性愈伤组织培养再生植株[J]. 应用与环境生物学报，9（2）：131-136.

雷东锋，冯怡，蒋大宗. 2004. 植物中多酚氧化酶的特征[J]. 自然科学进展，14（06）：7-15.

雷攀登，吴琼，徐奕鼎，等. 2012. 茶树腋芽离体培养中的褐化控制研究[J]. 中国农学通报，（7）：190-193.

黎明，马焕成. 2003. 木兰科植物无性繁殖研究概况[J]. 西南林学院学报，23（2）：92-95.

李大威，景森，李伟，等. 2012. 不同时期插穗内营养物质含量对榛子扦插生根的影响[J]. 山东林业科技，42（02）：.

李锋. 1997. 植物嫁接不亲和性的问题讨论[J]. 惠州大学学报(自然科学版), 14(04): 170-172.

李桂荣, 刘玉博, 刘婉君. 2013. 白玉兰花药愈伤组织以及胚状体诱导的研究[J]. 北方园艺, (3): 99-101.

李继胜. 1992. 党参原生质体培养中体细胞胚胎直接发生和植株再生[A]. 中国细胞生物学学会. 中国细胞生物学学会第五次会议论文摘要汇编[C]. 中国细胞生物学学会.

李俊南, 李莲芳, 熊新武, 等. 2013. 插穗母树年龄和粗度对薄壳山核桃硬枝扦插的影响[J]. 西北林学院学报, (04): 94-97.

李茜, 张存旭, 秦萍. 2008. 白皮松胚性和非胚性愈伤组织生理生化特性研究[J]. 西北农林科技大学学报(自然科学版), 36(8): 151-155, 160.

李胜, 李唯. 2007. 植物组织培养原理与技术[J]. 北京: 化学工业出版社, 15.

李淑玲. 2008. 红松嫁接愈合原理及影响成活的主要因素[J]. 中国林副特产, (04): 83-84.

李文彬. 2005. 葡萄试管内外嫁接技术及其特性研究[D]. 甘肃农业大学.

李筱帆. 2009. 几种百合组织培养及体细胞胚发生技术的研究[D]. 北京林业大学.

李修鹏, 俞慈英, 董韩忠, 等. 2002. 木兰科植物无性繁殖研究[J]. 林业科技开发, 16(03): 40-42.

李艳, 王青, 李洪艳, 等. 2005. 3种玉兰的组织培养[J]. 植物生理学通讯, (05): 84.

李芸瑛, 梁广坚. 2005. GB对低温胁迫黄瓜叶绿体及SOD、POD同工酶的影响[J]. 生物技术, 15(03): 25-27.

李招弟. 2009. 红花玉兰变种幼苗光合特性及其对温度胁迫的生理响应[J]. 北京: 北京林业大学.

李志军, 赵娜娜, 孙华丽, 等. 2012. 低温胁迫下不同防冻剂对梨幼果膜质过氧化的影响[J]. 中国农学通报, 28(31): 261-264.

李中奎, 刘成运, 刘文平. 2001. 水稻愈伤组织内部胚性细胞的形成及发育[J]. 植物研究, 21(1): 62-64.

梁大伟. 2010. 红花玉兰变种优树选择与类型划分[J]. 北京: 北京林业大学.

梁玉堂, 龙庄茹. 1989. 树木营养繁殖原理与技术[M]. 北京: 中国林业出版社.

梁珍琦. 2010. 稀有濒危植物红花玉兰现状及保护研究: 第九届中国林业青年学术年会[Z]. 中国四川成都.

林荣双, 王庆华, 梁丽玻, 等. 2003. TDZ诱导花生幼叶的不定芽和体细胞胚发生的组织学观察[J]. 植物研究, 23(2): 169-172.

林武星, 黄雍容, 朱炜, 聂森. 2014. 干旱胁迫对台湾栾树幼苗生长和生理生化指标的影响[J]. 中国水土保持科学,, 12(5): 52-56.

刘道敏, 吴岳. 2008. 扦插基质及土气温差对扦插茶花成活率的影响[J]. 安徽农学通报, (17): 111-180.

刘德良, 张琴. 2001. 广玉兰嫁接繁殖技术研究[J]. 广西农业生物科学, 20(02): 113-116.

刘芬. 2009. 黄瓜嫁接砧木的筛选及亲和性机理研究[D]. 华中农业大学.

刘根林. 2000. 杂交鹅掌楸组织培养技术研究初报[J]. 江苏林业科技, 27(6): 24-27.

刘均利, 马明东. 2007. 华盖木组织培养中褐化控制研究[J]. 浙江林业科技, (1): 20-23, 32.

刘兰英. 2000. 核桃的组织培养和快速繁殖[J]. 植物生理学通讯, (5): 434-435.

刘明海. 2015. '十二一重' 日本海棠嫩枝扦插繁殖技术及生根机理研究[D]: 山东农业大学.

刘乃君, 何彦峰. 2007. 武当玉兰播种育苗试验[J]. 林业实用技术, (11): 40-41.

刘雪松. 2008. 长寿花(Kalanchoe blossfeldiana)试管微嫁接技术的系统研究[D]. 西南大学.

刘洋, 林希昊, 姚艳丽, 苏俊波. 2012. 高等植物蔗糖代谢研究进展[J]. 中国农学通报, 28(6): 145-152.

刘叶蔓，彭菲，罗跃龙. 2007. 凹叶厚朴茎段愈伤组织诱导中的褐变控制研究[J]. 湖南中医药大学学报，(4)：36-37.

刘玉壶，夏念和，杨慧秋. 1995. 木兰科的起源、进化和地理分布[J]. 热带亚热带植物学报，3(4)：1-12.

刘玉艳，于凤鸣，于娟. 2003. IBA对含笑扦插生根影响初探[J]. 河北农业大学学报，(02)：25-29.

刘云强. 2004. 椴树扦插繁殖技术及生根机理的研究[D]：河北农业大学.

刘正祥，张华新，刘涛. 2007. 省沽油硬枝扦插生根特性[J]. 东北林业大学学报，35(7)：13-15.

刘志学. 1990. 植物体细胞胚发生的细胞学和分子机制问题的研究进展. 见：中国遗传学会编全国高校青年教师遗传学进展报告文集，全国遗传学教学研讨会暨青年教师遗传学进展报告会，长春：中国遗传学会，95-101.

刘遵春，陈荣江，包东娥. 2008. 干旱胁迫对金光杏梅幼苗生长及其生理生化指标的影响[J]. 沈阳农业大学学报，39(1)：100-103.

卢善发，宋艳茹. 1999. 激素水平与试管苗离体茎段嫁接体维管束桥分化的关系[J]. 科学通报，44(13)：1422-1425.

卢善发. 2000. 离体茎段嫁接体内IAA的免疫组织化学定位[J]. 科学通报，45(08)：856-860.

陆秀君，董阳，金亚荣，等. 2009. 紫玉兰的组织培养[J]. 北方园艺，(11)：189-191.

路文静，李奕松. 2012. 植物生理学实验教程[M]. 北京：中国林业出版社.

罗红伟. 2009. 简述花木嫁接技术[J]. 中国园艺文摘，25(06)：145.

罗杰，周光良，胡庭兴，等. 2015. 干旱胁迫对润楠幼苗生长和生理生化指标的影响[J]. 应用与环境生物学报，21(3)：563-570.

吕文. 1993. 难生根树种嫩枝扦插技术及生根机理的研究[J]. 防护林科技，(03)：14-20.

吕昕. 2015. 美国山核桃富根容器育苗技术的研究[D]. 南京林业大学.

吕月玲，梁心蓝，吴发启. 2007. 油松苗木活力与相对电导率关系的研究[J]. 西北林学院学报，22(6)：21-23.

马均，马明东. 2009. 华盖木多酚氧化酶学特性研究[J]. 福建林业科技，01：17-20.

马履一，王罗荣，贺随超，等. 2006. 中国木兰科木兰属一新种(英文)[J]. 植物研究，(01)：5-8.

马旭俊，朱大海. 2003. 植物超氧化物歧化酶(SOD)的研究进展[J]. 遗传，25(02)：225-231.

马英姿，许欢，王志毅，等. 2014. 凹叶厚朴愈伤组织诱导及其有效成分量变化研究[J]. 中草药，45(04)：546-551.

毛达民，周紫球，郑林水，等. 2011. "飞黄"玉兰的嫁接繁殖试验初报[J]. 林业实用技术，25(09)：50-51.

孟雪. 2005. 白玉兰的组织培养和快速繁殖[J]. 植物生理通讯，3(41)：339.

聂敬华. 2009. 砀山酥梨果实石细胞解剖学研究及木质素合成途径的初步分析[D]. 安徽农业大学.

宁娜娜，邓为，朱仲龙，等. 2018. 红花玉兰胚性与非胚性愈伤组织的诱导及生理生化差异分析[J]. 分子植物育种，16，(10)：3278-3285.

牛晓丹，郭素娟. 2009. 燕山红栗芽苗砧嫁接成活的生理生化基础[J]. 林业科技开发，23(02)：59-63.

牛晓丹. 2009. 板栗菌根菌剂制作技术与芽苗嫁接成活机理研究[D]. 北京林业大学.

朴楚炳，张有富，苗锡臣，等. 1996. 促进红松插穗生根能力的研究[J]. 林业科技，(06)：5-8.

齐丹. 2007. 硬覆盖条件下城市绿化树小青杨的脂质过氧化与活性氧防御酶系统的初步研究[D]. 东北师范大学.

乔梦吉. 2013. 广西优良珍贵树种灰木莲的组织培养[J]. 南方农业学报，44(6)：989-993.

曲云峰. 2007. 大扁杏嫁接成活生理生化特性研究[D]. 西北农林科技大学.

冉佳鑫，王玉宇，宋丹，陈发菊. 2012. 领春木体细胞胚胎发生及植株再生[J]. 植物生理学报，48（10）：993-996.

桑子阳，马履一，陈发菊，等. 2011. 五峰红花玉兰种质资源保护现状与开发利用对策[J]. 湖北农业科学，50（08）：1564-1567.

桑子阳. 2011. 红花玉兰花部性状多样性分析与抗旱性研究[D]. 北京林业大学.

沈海龙，高翔翔，杨玲. 2008. 甘露醇、蔗糖和低温预处理对花楸体细胞胚诱导的影响[J]. 植物生理学通讯，（04）：677-681.

沈庆斌. 2005. 枇杷高频率体胚发生体系的建立及其遗传转化初步研究[D]. 福建农林大学.

史俊燕，樊金拴，严江. 2005. 酚类物质及其相关酶对核桃嫁接成活的影响[J]. 西北林学院学报，20（01）：80-83.

史晓华. 1985. 紫玉兰扦插试验[J]. 林业科技通讯，（10）：1-3.

舒常庆，赵西梅，杨臻，等. 2007. 3种女贞属植物的扦插繁殖研究[J]. 华中农业大学学报，（03）：390-393.

宋健坤，张志杰，孙华丽，等. 2013. 中香梨的离体培养研究[J]. 安徽农业科学，41（01）：37-38.

苏江. 2016. 培养基渗透压对铁皮石斛原球茎生长和多糖含量的影响[J]. 福建农业学报，31（5）：475-479.

苏梦云，姜景民. 2004. 乐东拟单性木兰茎段愈伤组织诱导与褐变控制的研究[J]. 林业科学研究，06：757-762.

苏文川. 2016. 薄壳山核桃嫁接愈合的解剖学和生理生化特性研究[D]. 南京林业大学.

苏媛. 2007. 黄瓜嫁接愈合过程中生物、化学变化与解剖构造的观察[D]. 内蒙古农业大学.

孙华丽，宋健坤，李鼎立，等. 2013. 梨不同嫁接组嫁接愈合过程中生理动态变化研究[J]. 北方园艺，（16）：25-29.

孙铭鸿，安娜，周清，等. 2012. 天女木兰嫩茎愈伤组织诱导及再生体系建立研究[J]. 中国园艺文摘，28（4）：6-8.

孙群，郎少兰，杨玉秀. 1998. 郁金香衰老过程中几种保护酶活性的变化[J]. 西北植物学报，（04）：88-92.

谭泽芳，洪亚辉，胡超. 2003. 广玉兰的离体培养研究[J]. 湖南农业大学学报（自然科学版），（6）：478-481.

唐巍，欧阳藩，郭仲琛. 1998. 火炬松胚性愈伤组织诱导和植株再生的研究[J]. 林业科学，（03）：117-121.

陶金刚. 2004. "富有"（Fuyu）甜柿砧穗组合嫁接亲和力及生态适宜性研究[D]. 四川农业大学.

田敏，李纪元，范正琪. 2005. 杂交鹅掌楸离体培养中器官发生的研究[[J]. 林业科学研究，18（5）：546-550.

佗奇. 2014. 分析影响核桃枝接成活的因素[J]. 农业科技与信息，（21）：23-24.

汪丽虹，王星，崔凯荣，等. 1996. 石刁柏及党参体细胞胚发生中的淀粉代谢动态[J]. 植物学通报，13（1）：41-45.

王碧琴，余发新，刘腾云. 2006. 木兰科种植物的组织培养技术研究[J]. 江西农业大学学报，28（2）：268-273.

王东光. 2013. 闽楠嫩枝扦插繁殖技术及生根机理研究[D]：中国林业科学研究院.

王栋，买合木提·克衣木，玉永雄，胡艳. 2008. 植物组织培养中的褐化现象及其防止措施[J]. 黑龙江农业科学，（1）：7-10.

王芳. 2004a. 拟南芥嫁接体的发育过程和大分子物质在嫁接体中的转运[D]. 中国农业大学.

王芳. 2014b. 核桃嫁接技术及接后管理[J]. 现代园艺，（16）：23.

王桂荣. 2010. 植物组织培养中的常见问题与对策[J]. 宿州学院学报，11：54-57.

王欢，杜凤国，张志翔，齐翠翠. 2012. 天女木兰组织培养的抗褐化研究[J]. 湖北农业科学，14：3107-3109，3118.

王慧，楼炉焕，朱小楼. 2010. 不同植物生长调节物质对西南卫矛和卫矛扦插生根的影响[J]. 浙江林学院学报，（01）：155-158.

王慧纯，韦虹宇，刘金炽，等. 2018. 连香树胚性与非胚性愈伤组织生理生化差异及同工酶分析[J]. 基因组学与应用生物学：1-7.

王景章，丁振芳. 1990. 日本落叶松、杂种落叶松嫩枝全光喷雾扦插的研究[J]. 东北林业大学学报，（03）：9-17.

王静，孙广宇，姬俏俏，等. 2015. 活性氧在果蔬采后衰老过程中的作用及其控制[J]. 包装与食品机械，（05）：51-54.

王罗荣，马履一，王希群，等. 2007. 红花玉兰播种育苗技术的初步研究[J]. 浙江林学院学报，（2）：242-246.

王罗荣，王键，刘鑫，等. 2002. 五峰县珍稀红花玉兰种质资源保护与开发利用对策[J]. 湖北林业科技，（04）：18-19.

王罗荣，王键，刘鑫，等. 2000. 五峰县珍稀红花玉兰变种种质资源保护与开发利用对策[J]. 湖北林业科技，（122）：18-19.

王明忠，郭兆年. 1991. 苹果组培芽露地嫁接技术研究[J]. 华北农学报，6（04）：54-59.

王琪，王品之，李映丽. 2001. 荷花玉兰组织培养的研究[J]. 西北药学杂志，16（1）：11-13.

王清民，彭伟秀，张俊佩，等. 2006. 核桃试管嫩茎生根的形态结构及激素调控研究[J]. 园艺学报，33（2）：255-259.

王淑英，石雪晖，谷继成. 1998. 葡萄不同砧木嫁接亲和力的鉴定[J]. 落叶果树，（03）：8-9.

王淑英，石雪晖，谷继成. 1998. 葡萄嫁接愈合过程[J]. 葡萄栽培与酿酒，（04）：14-16.

王威，刘燕. 2012. 植物嫁接亲和性鉴定研究进展[J]. 湖北农业科学，51（10）：1950-1953.

王希群，王安琪. 2013. 寻找"木兰"——发现红花玉兰类群的科学意义[J]. 北京林业大学学报（社会科学版），12（03）：1-6.

王晓玲，马履一，贾忠奎，等. 2011. 红花玉兰研究进展[J]. 北方园艺，（16）：202-205.

王雪华，计巧灵，葛春辉，等. 2007. 盐胁迫下胡杨愈伤组织生理生化特性[J]. 生物技术，（6）：49-52.

王亚玲. 2004. 木兰科植物的无性繁殖[J]. 中国野生植物资源，23（3）：56-58.

王玉彦，贾卫国，申斯乐，等. 1995. 不同砧木对嫁接黄瓜生理影响的研究[J]. 中国蔬菜，1（02）：31-34.

王媛. 2007. 杨树与溃疡病菌（*Botryosphaeria dothidea*）互作中的细胞生物学、活性氧代谢及细胞过敏性反应[D]. 中国林业科学研究院.

王月. 2016. 嫁接茄子愈合生理生化特性及差异蛋白质研究[D]. 沈阳农业大学.

韦虹宇. 2016. 连香树体细胞胚胎发生及植株再生体系的研究[D]. 广西大学.

韦然超. 1986. 白玉兰嫁接技术的研究[J]. 广西林业科技，（03）：13-15.

魏建根. 2004. 紫玉兰嫩枝扦插繁殖试验[J]. 安徽农业，（11）：16.

吴敏，张文辉，周建云，等. 2014. 干旱胁迫对栓皮栎幼苗细根的生长与生理生化指标的影响[J]. 生态学报，34（15）：4223-4233

武季玲. 2001. 葡萄品种嫁接亲和力的研究[D]. 甘肃农业大学.

奚元龄, 颜昌敬. 1992. 植物细胞培养手册[M]. 北京: 农业出版社.

席梦利, 施季森. 2005. 杉木子叶和下胚轴的器官发生与体胚发生[J]. 分子植物育种, (6): 94-100.

肖爱华, 陈发菊, 贾忠奎, 等. 2020. 梯度洗脱高效液相色谱法测定红花玉兰中4种植物激素[J]. 分析实验室, 39(03): 249-254.

肖艳, 黄建昌, 高平飞, 等. 2001. 龙眼砧穗过氧化物酶同工酶及嫁接亲合力初探[J]. 西南农业大学学报, 23(01): 70-72.

辛福梅. 2007. 栓皮栎体胚发生生理生化特性的研究[D]. 西北农林科技大学.

徐程扬, 张忠辉, 李绍臣. 1998. 核桃楸枝条、插穗中生根抑制物质的含量[J]. 吉林林学院学报, (04): 28-31.

徐桂娟, 罗晓芳, 姚洪军. 2002. 黑树墓的组织培养与快速繁殖[J]. 北京林业大学学报, 24(1): 103-104.

徐石, 陆秀君, 李天来, 等. 2008. 天女木兰组织培养中有效获得无菌外植体的研究[J]. 西北林学院学报, 23(3): 127-129.

徐振彪, 傅作申, 原亚萍, 等. 1997. 植物组织培养过程中的褐化现象[J]. 国外农学-杂粮作物, (1): 56-57.

续九如, 李春立, 孙建设. 2003. 毛枣组培快繁技术研究[J]. 北京林业大学学报, 25(3): 32-36.

严毅, 高柱, 何承忠, 等. 2011a. 葡萄柚嫁接愈合过程关联酶活性研究进展(英文)[J]. Agricultural Science & Technology, 39(10): 1472-1476b.

严毅, 高柱, 何承忠, 等. 2011b. 葡萄柚嫁接愈合过程关联酶活性研究进展[J]. 安徽农业科学, 39(02): 734-736a.

严毅, 何承忠, 李贤忠, 等. 2012a. 9个葡萄柚品种与曼赛龙柚嫁接生理酶活性研究[J]. 中国南方果树, 41(02): 50-53b.

严毅, 李贤忠, 张南新, 等. 2012b. 葡萄柚不同砧穗组合的嫁接亲和性[J]. 经济林研究, 30(01): 103-107c.

严毅. 2012. 葡萄柚砧穗愈合过程中酶类活性研究[D]. 西南林业大学.

颜秋生, 张雪琴, 施建表, 等. 1990. 大麦原生质体再生绿色植株[J]. 科学通报, (20): 1581-1583.

杨冬冬, 黄丹枫. 2006. 西瓜嫁接体发育中木质素合成及代谢相关酶活性的变化[J]. 西北植物学报, 26(02): 290-294.

杨国锋, 毛雅妮, 孙娟, 等. 2010. 聚乙二醇6000对杂花苜蓿体胚发生的影响及体胚的细胞学观察[J]. 中国农学通报, 26(18): 63-66.

杨和平, 程井辰. 1991. 马唐胚性与非胚性愈伤组织生理差异的初步研究[J]. 植物生理学通讯, 27(5): 337-3

杨洁, 闻娟, 晏晓兰, 等. 2013. '雪梅'未成熟合子胚体胚发生与植株再生[J]. 北京林业大学学报, 35(S1): 21-24.

杨明, 于小力. 2013. 广玉兰嫁接繁殖技术[J]. 农民致富之友, (04): 57-58.

杨瑞, 郝燕, 等. 2010. 葡萄不同砧穗组合嫁接亲和力研究[J]. 中外葡萄与葡萄酒, (01): 18-21.

杨世杰. 1987. *Impatiens walleriana/Impatiens olivieri* 嫁接过程的组织学和细胞学观察[J]. 北京农业大学学报, 8(03): 359-366.

杨仕伟. 2012. 两种嫁接方式对夏秋黄瓜生理的影响[D]. 西南大学.

杨燕. 2008. 楸树组织培养研究[D]. 南京林业大学.

杨志坚, 冯金玲, 陈辉. 2013. 油茶芽苗砧嫁接口愈合过程解剖学研究[J]. 植物科学学报, 31(03): 313-320.

叶玲娟. 2008. 相思树的细胞培养及体胚发生研究[D]. 福建农林大学.

叶梅. 2005. 植物组织褐变的研究进展[J]. 重庆工商大学学报(自然科学版), (4): 326-329, 381.

于守超, 赵兰勇, 王芬, 等. 2004. 植物组织培养过程中外植体褐变机理研究进展[J]. 山东林业, 05: 61-63.

余沛涛, 薛应龙. 1986. 植物苯丙氨酸解氨酶(PAL)在细胞分化中的作用[J]. 植物生理学通讯, (01): 37-38.

俞良亮. 2005. 鹅掌楸扦插繁殖与植物生长物质的关系及苗期生长研究[D]. 南京林业大学.

袁媛. 2007. 番茄/茄子离体嫁接合部组织分化变异的研究[D]. 四川农业大学.

詹园凤, 王广东. 2006. 大蒜体细胞胚胎发生的组织学研究[J]. 中国农学通报, 22(1): 46-48.

占玉芳, 滕玉丰, 甄伟玲. 2008. 全光照喷雾四翅滨藜嫩枝扦插试验[J]. 东北林业大学学报, 36(7): 10-11.

张存旭. 2007. 栓皮栎体细胞胚胎发生及生化特性的研究[D]. 西北农林科技大学.

张栋, 陈季楚. 1995. ABA、NAA诱导水稻胚性愈伤组织的研究[J]. 实验生物学报, 28(3): 329-337.

张光祥, 鲍晓明, 何孟元. 1994. 虎眼万年青的体细胞胚胎直接发生与植株再生[J]. 四川师范大学学报(自然科学版), (3): 53-57.

张红梅, 黄丹枫, 丁明, 等. 2005. 不同苗龄接穗的西瓜嫁接体愈合过程中的3种酶活性变化[J]. 植物生理学通讯, 41(03): 302-304.

张焕玲. 2005. 栓皮栎体胚成熟与萌发研究[D]. 西北农林科技大学.

张静会. 2012. 不同时期及砧穗生理因素对板栗嫁接成活率影响研究[D]. 河北科技师范学院.

张丽杰. 2006. 取材时期对水曲柳合子胚外植体体细胞胚胎发生的影响[D]. 哈尔滨: 东北林业大学硕士论文, 45-50.

张猛, 王丹, 汤浩茹, 等. 2010. 费约果茎解剖结构与插条不定根的形成[J]. 林业科学, 46(7): 183-187.

张敏, 蓝芳菊, 陈江平, 等. 2014. 油茶芽苗砧嫁接育苗关键技术[J]. 林业科技开发, (05): 127-130.

张明华. 2016. 雌雄同株黄连木快速繁殖研究[D]. 北京林业大学.

张明丽, 李青. 2005. 金叶红瑞木离体培养中影响外植体褐化的因素[J]. 安徽农业科学, 08: 1411-1454.

张蜀秋, 杨世杰, 马龙彪. 1990. 嫁接组合形成过程中两种酶活性的动态变化[J]. 北京农业大学学报, 5(02): 149-152.

张树录, 郑国锠, 聂秀苑. 1992. 体细胞胚胎发生的组织学研究[J]. 西北植物学报, 12(1): 17-21.

张文健, 郑红建, 刘跃华. 2005. 红润玉兰的春季嫁接技术[J]. 林业实用技术, 24(03): 39.

张献龙, 孙济中, 刘金兰. 1992. 陆地棉品种"珂字201"胚性与非胚性愈伤组织生化代谢产物的比较研究[J]. 作物学报, 18(3): 176-182.

张晓红, 经剑颖. 2004. 木木植物组织培养技术研究进展[J]. 河南科技大学学报, 3(23): 66-68.

张晓平, 方炎明. 2003. 杂种鹅掌楸插穗不定根发生与发育的解剖学观察[J]. 植物资源与环境学报, 12(1): 10-15.

张鑫. 2012. 安徽不同生态区域油茶叶片结构及生理生化特性的研究[D]. 安徽农业大学.

张雪梅, 罗鹏. 1995. 诸葛菜外植体直接体细胞胚胎发生的研究[J]. 四川大学学报(自然科学版), (5): 587-593.

张义, 夏冰. 2002. 深山含笑嫁接技术[J]. 林业科技开发, 16(05): 53-54.

张颖. 2009. 秤锤树扦插繁殖技术及生根机理的研究[D]: 南京林业大学.

张玉臣, 周再知, 梁坤南, 等. 2010. 不同植物生长调节剂对白木香扦插生根的影响[J]. 林业科学研究, 23(2): 278-282.

张志良，瞿伟菁. 2003. 植物生理学实验教程[M]. 北京：高等教育出版社.

章金明. 2006. MeSA、叶蝉为害和机械刺伤对茶芽挥发物及 PAL、PPO 酶活性影响[D]. 中国农业科学院.

赵杰，赵广杰. 2004. 望春玉兰扦插育苗试验初报[J]. 河南林业科技，(01)：17-18.

赵静，赵娜娜，宋健坤，等. 2016. 5 个中间砧对'黄金梨'生长、结果及叶片矿质元素积累的影响[J]. 园艺学报，43(07)：1367-1376.

赵伶俐，范崇辉，葛红，等. 2005. 植物多酚氧化酶及其活性特征的研究进展[J]. 西北林学院学报，20(03)：156-159.

赵苹静. 2009. 珍珠相思体细胞胚胎发生及愈伤组织培养[D]. 福建农林大学.

赵晓敏. 2007. 兴安落叶松胚性愈伤组织诱导研究[D]. 东北林业大学.

赵依杰. 2007. 砧木对嫁接西瓜生长发育及其生理生化的影响[D]. 福建农林大学.

郑碧娟，苏丽芳，陈世品，等. 2014. 外源激动素对油茶芽苗砧嵌合体愈合的效应[J]. 福建农林大学学报(自然科学版)，43(02)：146-150.

郑均宝，刘玉军，裴保华，等. 1991. 几种木本植物插穗生根与内源 IAA，ABA 的关系[J]. 植物生理学报，17 (3)：313-316.

郑泳，王君晖，黄纯农. 1996. 通过花药直接液体培养建立大麦胚性悬浮细胞系[J]. 杭州大学学报(自然科学版)，(02)：202-203.

周建，杨立峰. 2011. 5 种木兰科植物高头嵌芽嫁接试验研究[J]. 山东林业科技，41(06)：41-43.

周俊辉，周家容，曾浩森，等. 2000. 园艺植物组织培养中的褐化现象及抗褐化研究进展[J]. 园艺学报，S1：481-486.

周丽华，许冲勇，曾雷，王振师. 2002. 紫玉兰组织培养繁殖研究[J]. 经济林研究，(04)：37-38.

周丽艳，郭振清，秦子禹，等. 2008. 白玉兰组织培养中的褐化控制[J]. 河北科技师范学院学报，22 (4)：19-21.

朱建华，彭士勇. 2002. 植物组织培养实用技术[J]. 北京：中国计量出版社，154.

朱丽丽. 2008. 柑橘应答低温胁迫的生理生化变化[D]. 华中农业大学.

朱晓慧. 2014. 无刺花椒嫁接及其亲和性研究[D]. 西北农林科技大学.

朱学亮. 2009. 琯溪蜜柚果实木质素代谢研究[D]. 福建农林大学.

朱仲龙. 2012. 北京引种红花玉兰的限制因子与越冬防寒技术研究[D]. 北京林业大学.

宗树斌，鲍荣静，段春玲. 2008. 宝华玉兰扦插繁殖技术研究[J]. 山东林业科技，(06)：39-41.

Bangerth F. 2001. Endogenous hormone levels in explants and in embryogenic and non-embryogenic cultures of carrot[J]. Physiol Plant，111(3)：389–395.

Bhojwani S S. 1990. Developments in crop science 19 Plant Tissue Culture：Applications and limitations. ELSEVIER. Amsterdam—Oxford—New York—Tokyo，67-101.

Biedermann E G. 1987. Factors affecting establishment and development of magnolia hybrids in vitro[J]. Acta Horticulture，212：625-627.

Black T. 1986. The physiological role of abscisic acid in the rooting of poplars and aspen stcmp sprouts[J]. Physiol Plant，67：638-643.

Breen P J, Muraoka T. 1975. Seasonal nutrient levels and peach/plum graft incompatibility. [J]. Journal American Society for Horticultural Science.

Christensen M, Erinksen E. 1980. Andesen AS Interaetion of stoek plantirr adiance and Auxin in the propagation of apple rootst oeks by cuttings[J]. Seientive horticultural，78(1)：11-17.

Corredoiar E, Valladares S, Vieitez AM. 2006. Morphohistological analysis of the origin and development of somatic embryos from leaves of mature *Quercus robur*. In Vitro Cell Dev Biol—Plant, 42: 525-533.

Dong J Z et al. 1996. Induced gene expression following ABA uptake in embryogenic suspension cultures of picea glauca. Plant Physiol. Plant Physiol. Biochem. , 34: 579 -587.

Fernando S C, Gamage C K. 2000. Abscisic acid induced somatic embryogenesis in immature embryo explants of coconut (Cocos nucifera L.), Plant Sci. , 151(2): 193-198.

Gebhardt K. 1982. Activation of indole-3-acetic acid oxidase from horseradish and prunus by phenols and hydrogen peroxide[J]. Plant Growth Regul, 1(2): 73-84.

Hassig B E. 1974. Metabolism during adventitious root primordium initiation and development[J]. New Zealand J For Sci, 4(2): 324-337.

Heinz J. 1967. Die Wirkung von Gibberellinsäure und Indolylessigsäure auf die Wurzelbildung von Tomatenstecklingen[J]. Planta (Historical Archive), 74(4): 371-378.

Henrique A, Carnpinhos E N, et al. 2006. Effect of plant growth regulators in the rooting ofPinus cuttings. Brazilian Archives of Biology and Technology, 49(2): 189-196.

Howard B. 1988. Techniques of enhancing rooting before collection[J]. Acta. Hort, 227: 176-196.

Hu C Y, Sussex I M. 1971. In vitro development of embryoids on cotyledons of Ilex aquifolium. Phytomorphology, 21: 103-107.

Kanchanapoom K, Domyoas P. 1999. The origin and development of embryoids in oil palm (Elaeis guineensis Jacq) embryo cultured. Science Asia, 25: 195-202.

Kim Y W, Park S Y, Park I S, Moon H K. 2007. Somatic embryogenesis and plant regeneration from immature seeds of *Magnolia obovata* Thunberg [J]. Plant Biotechnol Rep, (1): 237 - 242.

Legué V, Rigal A, Bhalerao R P. 2014. Adventitious root formation in tree species: involvement of transcription factors. Physiololgia Plantarum, 151(2) : 192-198.

Legué V, Rigal A, Bhalerao R P. 2014. Adventitious root formation in tree species: involvement of transcription factors. Physiololgia Plantarum, 151(2) : 192-198.

Li B, Wolyn D J. 1995. The effects of ancymidol, abscisic acid, uniconazole and paclobutrazol on somatic embryogenesis of asparagus, Plant Cell Reports, 14(8): 529-533.

Liao W B, Xiao H L, Zhang M L. 2010. Effect of nitric oxide and hydrogen peroxide on adventitious root development from cuttings of ground-cover chrysanthemum and associated biochemical changes. Journal of Plant Growth Regulation, 29(3): 338-348.

Liu B B, Wang L, Zhang J, et al. 2014. *WUSCHEL*-related homeobox genes in *Populus tomentosa*: diversified expression patterns and a functional similarity in adventitious root formation. BMC Genomics, 15: 296-310.

Ma L, Luorong W, He S, et al. 2006. A new species of {*Magnolia*} (Magnoliaceae) from Hubei, China[J]. Bulletin of Botanical Research, 26 4-7.

Merkle S A, Sotak R J , Wiecko A T. 1989. Optimization of the yellow-poplar embryogenic system[J]. Proc. 20th southern for Tree Imp. Conf. Charleston, S. C. p., /112: 190-193.

Merkle S A, Hoey M T, Watson-Pauley B A, Schlarbaum S E. 1993. Propagation of Liriodendron hybrids via somatic embryogenesis. Plant Cell, Tissue and Organ Culture, 34(2): 191-198.

Merkle S A, Neu K A, Battle P J, et al. 1998. Somatic embryogenesis and plantlet regeneration from immature and mature tissues of sweetgum (Liquidambar styraciflua)[J]. Plant Science, 132(2): 169-178.

Merkle S A, Sommer H E. 1986. Somatic embryogenesis in tissue cultures of Liriodendron tulipifera. Revue Canadienne De Recherche Forestière, 16(16): 420-422.

Merkle S A, Watson-Pauley B A. 1993. Regeneration of bigleaf magnolia by somatic embryogenesis[J]. Hortscience, 28(6): 672-673.

Merkle S A, Watson-Pauley B A. 1994. Ex Vitro Conversion of Pyramid Magnolia Somatic Embryos[J]. Hortscience, 29(10): 1186 - 1188.

Misra S, Attree S M, Leal I. 1993. Effect of abscisci acid, osmoticum and desiccation on synthesis of storage proteins during the development of white spruce somatic embryos [J]. Ann. Bot, 71: 11-22.

Moncousin C, Gaspar T. 1983. Peroxidase as a marker for rooting improvement of *cynara scolymus* L. cultured in vitro. Biochem. Physiol Pflanz. 178, 263 - 271.

Moreno M A, Gaudillere J P, Moing A. 1994. Protein and amino acid content in compatible and incompatible peach/plum grafts[J]. Journal of Horticultural Science & Biotechnology, 69 (6): 955-962.

Mundy J, Yamaguchi-Shinozaki K, and Chua N H. 1990. Nuclear proteins bind conserved elements in the abscisic acid-responsive promoter of a rice rab gene, Proc. Natl. Acad. Sci. USA, 87(4): 1406-1410.

Murray D R. 1991. Advanced Methods in Plant Breeding and Bioteehnology. C. A. B. International Press, 158-200.

Nakagawa H, Saijyo T, Yamauchi N, Shigyo M, Kako S, Ito A. 2001. Effects of sugars and abscisic acid on somatic embryogenesis from melon (Cucumis melo L.) expanded cotyledon, Scientia Horticulturae, 90(1-2): 85-92

Nordstrom A C, Eliasson J. 1991. Levels of endogenous indole-3-acetic acid and indole-3-acetylaspartic acid during adventitious root formation in pea cuttings. Physiol Plant. 82, 599-605.

Okoro O, Grace J. 1978. The physiology of rooting *Populus* cuttings. II. Cytokinin activity in leafless hard wood cuttings[J]. Physiol Plant, 44: 167-170.

Palanisamy K, Kumar P. 1997. Effect of position, size of cuttings and environmental factors on adventitious rooting in neem (*Azadirachta indica* A. Juss)[J]. Forest Ecology and Managment, 98(3): 277-280.

Palanisamy K, Kumar P. 1997. Effect of position, size of cuttings and environmental factors on adventitious rooting in neem(*Azadirachta indica* A. Juss) [J]. Forest Ecology and Managment, 98(3): 277-280.

Poapst P, Durkee A. 1967. Root differentiating properties of some simple aromatic substances of the apple and pear fruit[J]. Hort Sci, 42: 429-438.

Quan J N, Zhang C X, Zhang S, et al. 2014a. Molecular cloning and expression analysis of the MTN gene during adventitious root development in IBA-induced tetraploid black locus. Gene, 553(2): 140-150.

Quan J N, Zhang S, Zhang C X, et al. 2014b. Molecular cloning, characterization and expression analysts of the*SAMS* gene during adventitious root development in IBA-induced tetraploid black locust. PLoS One, 9(10): 709-721.

Rao P S, Ozias-Akins P. 1985. Plant regeneration through somatic embryogenesis in protoplast cultures of sandalwood (Santalum album, L.)[J]. Protoplasma, 124(1-2): 80-86.

Rao P S. 1965. In vitro induction of embryonal proliferation in Santalum album L. Phytomorphology, 5: 175-179

Rigal A, Yordanov Y S, Perrone I, et al. 2012. The *AINTEGUMENTA LIKE*1 homeotic transcription factor *PtAIL*1 controls the formation of adventitious root primordia in poplar. Plant Physiology, 160(4): 1996-2006.

Roberts D R. 1991. Abscisci acid and mannitol prote early development maturation and store protein accumulation in somatic embryos of interior spruce [J]. Physiol. Plant, 83: 247-254.

Ruichi P, Zhijia Z. 1994. Synergistic effects of plant growth retardants and IBA on the formation of adventitious roots in hypocotyl cuttings of mung bean[J]. Plant Growth Regulation (Historical Archive), 14(1): 15-19.

Sanchez C, Vielba J M, Ferro E, et al. 2007. Two*SCARE-CROW-LIKE* genes are induced in response to exogenous auxin in rooting-competent cuttings of distantly related forest species. Tree Physiology, 27 (10):

1459-1470.

Smith D L, Fedoroff N V. 1995. *LRP*1, a gene expressed in lateral and adventitious root primordial of Arabidopsis. The Plant Cell, 7(6): 735-745.

Smolka A, Welander M, Olsson P, et al. 2009. Involvement of the *ARRO*-1 gene in adventitious root formation in apple. Plant Science, 177(6): 710-715.

Stasolla C and Yeung E C. 2003. Recent advances in conifer somatic embryogenesis: improving somatic embryo quality, Plant Cell, Tissue and Organ Culture, 74(1): 15-35.

Szabolss F, Andrea M, Eva S. 2001. Chang of peroxidase enzyme activities in annual cutting during rooting[J]. Acta Biological Szegediensis, 46(3/4): 29-31.

Trupiano D, Yordanov Y, Regan S, et al. 2013. Identification, characterization of an AP2/ERF transcription factor that promotes adventitious, lateral root formation in Populus. Planta, 238(2): 271-282.

Vielba J M, Diaz-Sala C, Ferro E, et al. 2011. *CsSCL*1 is differentially regulated upon maturation in chestnut microshoots and is specifically expressed in rooting-competent cells. Tree Physiology, 31(10): 1152-1160.

Wang Y, Kollmann R. 1996. Vascular Differentiation in the Graft Union of in-vitro Grafts with Different Compatibility. — Structural and Functional Aspects[J]. Journal of Plant Physiology, 147(5): 521-533.

Xing H Y, Pudake R N, Guo G G. 2011. Genome-wide identification and expression profiling of auxin response factor (ARF) gene family in maize. BMC Genomics, 12: 178-190.

Yeoman M M, Brown R. 1976. Implications of the Formation of the Graft Union for Organisation in the Intact Plant[J]. Annals of Botany, 40(6): 1265-1276.

Zhang CX, Yao ZY, Zhao Z, et al. 2007. Histological observation of somatic embryogenesis from cultured embryos of Quercus variabilis BI. Journal of plant physiology and molecular biology, 33: 33-38.